Hermann H. Wala

Ich, endlich einzigartig

Hermann H. Wala

Ich, endlich einzigartig

Authentisch, persönlich, echt –
wie du zur Marke wirst und im Gedächtnis bleibst

REDLINE | VERLAG

Bibliografische Information der Deutschen Nationalbibliothek
Die Deutsche Nationalbibliothek verzeichnet diese Publikation in der Deutschen Nationalbibliografie. Detaillierte bibliografische Daten sind im Internet über http://dnb.d-nb.de abrufbar.

Für Fragen und Anregungen:
lektorat@redline-verlag.de

1. Auflage 2018

© 2018 by Redline Verlag, ein Imprint der Münchner Verlagsgruppe GmbH,
Nymphenburger Straße 86
D-80636 München
Tel.: 089 651285-0
Fax: 089 652096

Redaktion: Desireé Šimeg, Stadtbergen
Umschlaggestaltung: Maria Wittek, München
Satz: Carsten Klein, Torgau
Druck: Florjancic Tisk d.o.o., Slowenien
Printed in the EU

ISBN Print 978-3-86881-711-9
ISBN E-Book (PDF) 978-3-96267-029-0
ISBN E-Book (EPUB, Mobi) 978-3-96267-030-6

Weitere Informationen zum Verlag finden Sie unter

www.redline-verlag.de

Beachten Sie auch unsere weiteren Verlage unter www.m-vg.de

Dieses Buch widme ich allen Machern, Träumern und positiv Verrückten dieser Welt, die unsere Welt jeden Tag ein Stückchen besser machen. Große Ziele sind nicht naiv, sondern erstrebenswert. Ohne euch wäre unser Leben weniger farbenfroh – und dieses Buch nicht entstanden.

Inhalt

Vorwort von Walter Gunz   11

Das BRAND-BUILDING-MODELL©: Mit acht Tools zur
einzigartigen Marke.   15

1. Werte: Klare Haltung, klarer Mehrwert   27

Von Bilanzen und Glaubenssätzen   29

McDonald's – Grün als Farbe der Hoffnung.   32

Was ist wirklich wertvoll?.   34

Das Comeback der Werte.   39

Interview mit Claus Hipp, Erfolgsunternehmer,
über das Thema Werte   44

2. Emotionen: Wissen ist gut, Gefühle sind besser   49

Die Mär von der Rationalität   52

Lovemarks – Das Rezept der Liebe   57

Sei »merk-würdig« – du bist mehr als deine Fähigkeiten . . .   61

Interview mit Carsten Cramer, Direktor Vertrieb und
Marketing beim BVB, zum Thema Emotionen   69

3. Selbstverantwortung: Agieren statt reagieren   73

Wissen, woher du kommst und wohin du willst   76

Stärken und Schwächen analysieren – die SWOT-Analyse. . .   80

Verantwortung übernehmen – die fünf Regeln   85

Interview mit Louis Darcis, Blogger & Creator,
über das Thema Selbstverantwortung   88

4. Geschichten: Dein einzigartiger Weg 93

Der Anker unserer Erinnerung. 95

Die Heldenreise – die Do-it-yourself-Erfolgsgarantie 99

Interview mit Wladimir Klitschko, Boxweltmeister,
über das Thema Geschichten 108

5. Vertrauen: Das Fundament deines Erfolgs 113

Vertrauen aufbauen und halten 122

Interview mit Carolin Nicola Henseler, TV-Moderatorin,
zum Thema Vertrauen 128

6. Dynamik: Heute schon im Morgen 133

Höher, weiter und immer schneller 135

Nostalgie-Romantik und Innovationsfantasien 137

Markenexperimente: Trial and Error. 142

Wie dynamisch bist du?. 147

Innovation – Merkmale des Erfolgs 149

Interview mit Detlef D! Soost, Choreograf, Fitnesscoach
und Unternehmer, zum Thema Dynamik. 153

7. Social Web: Work smart, not hard 157

Das Ende der Markenloyalität. 159

Das Streben nach Authentizität. 162

Der Algorithmus ist dein Freund 164

How to Facebook 166

How to Instagram. 170

Die wichtigsten Tipps für das Personal Branding
auf Facebook und Instagram 173

Interview mit Ibrahim Evsan, Digitalunternehmer und
Social-Media-Experte, zum Thema Social Web 176

8. Positionierung: Unverwechselbar anders 181

Mangelware Individualität 183

Warum Authentizität wehtut 187

Die Stufen der Positionierung 189

Interview mit Ali Güngörmüs, Sterne- und Fernsehkoch,
zum Thema Positionierung 207

Über den Autor 213

Literaturverzeichnis 215

Anmerkungen 217

Stichwortverzeichnis 221

Vorwort

von Walter Gunz, Unternehmer und
Mitgründer der Media Markt-Kette

Es freut mich sehr, das Vorwort zum neuen Buch meines ebenso liebenswürdigen wie gescheiten Freundes Hermann H. Wala schreiben zu dürfen. Schon der Titel ist genial, sind wir doch alle einzigartig! Wir müssen es uns nur bewusst machen. In jedem von uns ist mehr verborgen, als wir vielleicht glauben. Laut der modernen Hirnforschung nutzen wir leider nur einen minimalen Anteil unseres Potenzials. Wir können und müssen dieses Potenzial heben – und dabei kann dieses Buch helfen.

Ich erinnere mich, wie ich vor dreißig Jahren am Flughafen München-Riem zum ersten Mal mit meinem neuen Alcatel-Handy telefonierte – ein regelrechter Knochen von einem Mobiltelefon. Eine ältere Dame blickte zu mir herüber und tippte sich an die Stirn, als sie mich sah. Auch erinnere ich mich an das Pong-Spiel des ersten Atari-Computers, der diese Bezeichnung noch nicht verdient hatte. Heutzutage sind Computer kleiner, handlicher und haben geniale Möglichkeiten. Sie sind relativ intelligent und verbinden uns mit der ganzen Welt. Im Silicon Valley träumt man von grandiosen Möglichkeiten der Zukunft, von Gemüsefarmen auf dem Mars, dem unsterblichen Menschen und der Besiedlung anderer Planeten, von der unter anderem der Amazon-Gründer Jeff Bezos spricht.

Unser Wissen multipliziert sich in einigen Jahren, die Datengrößen sind zu einer wahren Sintflut geworden, die der Einzelne kaum noch bewältigen kann. Ein Gegenpol ist dringend notwendig. Doch was für ein Gegenpol? Es muss ein Gegenpol von Werten sein. Werte wie Liebe, Ehrlichkeit, Authentizität.

Auch sollten wir uns die elementaren Fragen stellen: Wo kommen wir her? Wo gehen wir hin? Und vor allem: Warum sind wir hier? Es geht nicht ums »Immer weiter und immer mehr«, es geht darum, wie Papst Franziskus es formulierte, »eine bessere Welt zu hinterlassen, als wir vorfinden«[1]. Dabei geht es nicht um das Leben auf Instagram und Co. Es geht auch nicht um Big Data. Es geht um unser geistiges und materielles Erbe, das wir hinterlassen. Das Internet kann ein Diener für das rechte Handeln oder ein Verführer zum Falschen sein. Entscheidend sind wir.

Menschen und Bücher können bei der Orientierung helfen, ein Kompass für unser Handeln sein. Dieses Buch und die darin aufgeführten Beispiele sind ein solcher wertvoller Kompass. Es zeigt dem Leser, dass Einzigartigkeit nicht in der Perfektion liegt. Wir sind alle nicht perfekt – und das ist gut so. Aber wir haben Potenzial. *Ich, endlich einzigartig* soll vor allem jungen Menschen Mut machen, ihre Talente zu erkennen, ihre Visionen zu spüren. Denn Visionen sind mit unserer geistigen DNA verbunden – und folgen wir ihnen, so finden wir zu unserer Bestimmung. Mit Hoffnung und Vertrauen erreichen wir die Herzen anderer. Wir müssen uns nicht klein machen. Die amerikanische Schriftstellerin Marianne Williamson formulierte es in ihrem Bestseller »A Return to Love« folgendermaßen[2]:

> *»Es ist unser Licht, nicht unsere Dunkelheit, was wir am meisten fürchten. Wir fragen uns, wer bin ich denn, um von mir zu glauben, dass ich brillant, großartig, begabt und einzigartig bin? Aber genau darum geht es, warum solltest du es nicht sein? Du bist ein Kind Gottes. Dich klein zu machen nützt der Welt nicht. Es zeugt nicht von Erleuchtung, sich zurückzunehmen, nur damit sich andere Menschen um dich herum nicht verunsichert fühlen. Wir alle sind aufgefordert, wie die Kinder zu strahlen. Wir wurden geboren, um die Herrlichkeit Gottes, die in uns liegt, auf die Welt zu bringen. Sie ist nicht in einigen von uns, sie ist in jedem. Und indem wir unser eigenes Licht scheinen lassen, geben wir anderen Menschen unbewusst die Erlaubnis, das Gleiche zu tun. Wenn wir von unserer eigenen Angst befreit sind, befreit unser Dasein automatisch die anderen. «*

Was Hermann H. Wala hier wissenschaftlich und psychologisch aufarbeitet, skizziert mein Buch *Das Geschenk* auf der philosophischen Ebene. Es könnte eine Ergänzung zu seinem Werk sein. *Ich, endlich einzigartig* ruft die Menschen auf, fantastisch zu sein und ihre Träume zu verwirklichen. Authentizität ist kein Selbstzweck; sie hat etwas mit Ehrlichkeit zu tun. Einzigartigkeit hat nichts mit äußeren Dingen zu tun. Entscheidend ist, dass wir das lieben, was wir tun. Dann strengt es nicht an und wir haben Erfolg. Natürlich ist es auch mit Arbeit verbunden – der Erfolg kommt nicht von alleine. *Ich, endlich einzigartig* ist ein Appell an die Mutigen. Es zeigt in Beispielen, was im Leben wirklich zählt: Ehrlichkeit, Vertrauen und Mut. Das Buch begleitet den Leser auf diesem spannenden Weg.

Als Gründer der Media-Markt- und Saturn-Gruppe habe ich gespürt, wie wichtig Vertrauen, Liebe und Authentizität sind. Wir haben nicht versucht, die Menschen passend zurechtzustutzen, sondern jeden in seiner Einzigartigkeit geschätzt. Nur so konnten wir ohne Kapital aus einem Unternehmen mit zwölf Mitarbeitern die Nummer eins in Europa mit über zwanzig Milliarden Umsatz pro Jahr machen.

Einzigartigkeit bedeutet auch Verantwortung. Wenn wir ehrlich unserer Verantwortung gerecht werden, haben wir den halben Weg zum Erfolg zurückgelegt.

Das BRAND-BUILDING-MODELL©:

Mit acht Tools zur einzigartigen Marke

Was zeichnet eine Marke aus? Wie wird man authentisch? Wie entstehen emotionale Beziehungen? Seit nunmehr 25 Jahren stellen mir Menschen genau diese Fragen. Meist sind es Manager, die mit Herzblut an ihrem Unternehmen hängen und erkannt haben, dass erfolgreiche Marken ein Produkt authentisch gelebter Werte sind – und das von der Chefetage bis hin zur Teilzeitkraft. Zunehmend sind es aber auch Privatpersonen, die meinen Rat suchen. Menschen, die sehen, dass Facebook und Co. die einstigen Spielregeln nicht nur verändert, sondern gelöscht haben.

Meine Antwort ist zunächst immer dieselbe: Patentlösungen gibt es nicht. Kann es auch gar nicht geben, schließlich sind Authentizität und Emotionalität eben alles, nur nicht verallgemeinerbar. Jeder Mensch, egal ob Student oder Topentscheider, hat die Chance und Pflicht zugleich, seinen eigenen unverwechselbaren Weg zu gehen. Dazu braucht es Mut, Hoffnung und Vertrauen. Auf der einen Seite war es nie leichter, schließlich geben Facebook und Co. uns allen Plattformen, auf denen wir uns zeigen können. Auf der anderen Seite war es nie schwerer, weil die Betonung auf »uns allen« liegt. Es ist ein schmaler Grat zwischen Einzigartigkeit und Anonymität.

In der digitalen Welt ticken die Uhren anders und vor allem schneller. Häufig bemerke ich, dass diese Hektik der neuen Zeit den eigenen Blick trüben kann. Es klingt paradox, aber je tiefer sie in die Informationsflut abtauchen, desto blinder werden die Suchenden und desto austauschbarer werden die, die gehört werden wollen. Was wir jedoch brauchen, sind Menschen, die nicht in der grauen Masse untergehen, sondern unser aller Leben bunter machen. In der Hektik und Ungewissheit sind es nämlich genau diese Menschen, die uns dazu inspirieren, unseren eigenen Weg zu gehen.

Ich bin der festen Überzeugung, dass jeder Mensch einzigartig sein kann. Wir alle tragen besondere Fähigkeiten in uns. Doch wir müssen sie im ersten Schritt erkennen und im zweiten Schritt auch der Welt zeigen. Darum geht es mir in diesem Buch. Es geht nicht um starre Vorgaben, sondern darum, dass du deine eigenen Antworten findest. Deshalb wird dich das Buch an einigen Stellen fordern. Ich habe Übungen für dich vorbereitet und konkrete Tipps aus der Praxis von Menschen, die bereits heute eine erfolgreiche und vor allem authentische Persönlichkeitsmarke sind: Wladimir Klitschko schildert seinen Werdegang. Professor Claus Hipp erklärt, wieso hinter »Dafür stehe ich mit meinem Namen« viel mehr steckt als ein Werbeslogan, und Social-Media-Größe Louis Darcis zeigt, warum es auf Instagram und Co. um mehr gehen sollte als um Likes. Ich freue mich, dass ich so inspirierende Gespräche mit acht charismatischen Menschen führen durfte und dir die Learnings in diesem Buch weitergeben kann. Vielleicht fragst du dich jetzt, wieso es ausgerechnet acht Experten sind. Ganz einfach, weil ich in meinen 25 Jahren Berufserfahrung erkannt habe, dass es genau acht Eigenschaften sind, die all diese Menschen verbinden. In meinem ersten Buch, *Meine Marke*, waren es noch sieben Tools, die meine Grundlage für die Schaffung einer authentischen Unternehmensmarke waren. Heute, sieben Jahre nach der Erstveröffentlichung, schlage ich die Brücke zum Bereich Personal Branding und fokussiere in diesem Zusammenhang unter anderem das Thema Social Media. Ich werde dir die Erfolgsrezepte großer Persönlichkeiten näher bringen und zeigen, wie du diese für dich umsetzen kannst. Auch Unternehmensgeschichten liefern wichtigen Input, denn wenn ich in meiner 25-jährigen Berufserfahrung eine Sache gelernt habe, dann ist es die Tatsache, dass die Basis erfolgreicher Marken – ob Personen oder Konzerne – aus denselben Zutaten besteht: Authentizität, Emotionen und das gewisse Etwas – genau das werden wir gemeinsam aus dir herauskitzeln.

Das Resultat dieser acht Tools bildet das BRAND-BUILDING-MODELL© – der Kern dieses Buchs. Ich habe dieses Modell konzipiert, weil ich etwas schaffen wollte, was über das Buch hinausgeht. Ich kenne es selbst nur zu gut: Wir vergessen schnell das, was wir noch vor zehn Minuten gelesen haben, auch wenn wir es irgendwie einleuchtend fanden. Das BRAND-BUILDING-MODELL© ist dein ständiger Begleiter auf deinem Weg zur authentischen Persönlichkeitsmarke, denn es bringt alle acht Tools zusammen, die du auf deinem Weg brauchst, und dient als Gedankenstütze: Wo komme ich her, wo stehe ich jetzt und wohin will ich eigentlich? Es zeigt dir auch auf, wo deine Stärken liegen und worin du dich noch verbessern kannst. Ich helfe dir dabei, dich in jedem der acht Bereiche des BRAND-BUILDING-MODELLs© weiterzuentwickeln. Die Selbsteinschätzungen der interviewten Experten dienen dabei als Benchmark. Doch vorab möchte ich dir das Modell genauer vorstellen und dir zeigen, was dich erwartet.

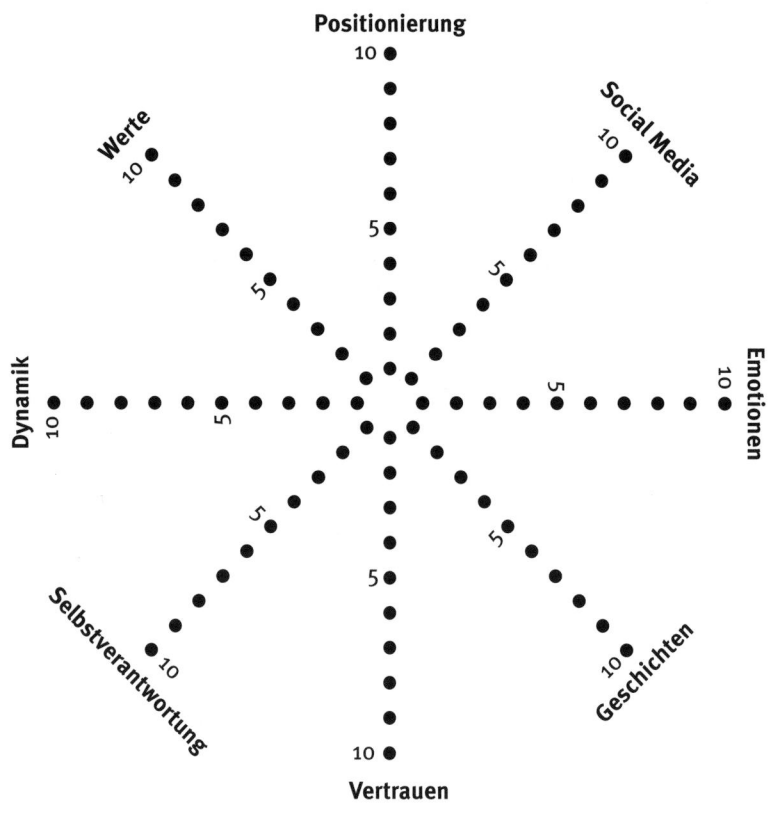

Das Brand-Building-Modell

In jedem Bereich kannst du dir einen bis zehn Punkte geben. Zehn Punkte entsprechen dabei den unten dargestellten Idealvorstellungen. Lies die folgende Kurzbeschreibung für jeden Bereich, gib deine erste Selbsteinschätzung ab und fülle so nach und nach dein BRAND-BUILDING-MODELL© aus. Wiederhole dieses Prozedere mit einer anderen Farbe, nachdem du das Buch durchgelesen hast und hoffentlich einige Dinge für dich mitnehmen konntest. Viel Spaß wünsche ich dir dabei!

Auf meiner Homepage **www.ich-endlich-einzigartig.com** biete ich dir einen kostenlosen Selbsttest an, der dir zeigt, welcher Markentyp du bist. Im Anschluss daran erhältst du eine Analyse mit wertvollen Tipps, wie du dein Profil weiter schärfen kannst.

Ein überaus effektives Hilfetool beim Personal Branding ist zudem das folgende BRAND-BUILDING-MODELL© als interaktives Poster. Durch spezielle Key-Performance-Indicators (kurz: KPIs) kannst du systematisch am Aufbau deiner Persönlichkeitsmarke arbeiten und kommst dadurch schneller ans Ziel: Endlich einzigartig!

https://m-vg.de/link/einzigartig
www.ich-endlich-einzigartig.com mit Selbsttest und Brand-Building-Poster

Werte

Deine Werte sind die Basis deines Ichs, deiner Marke. Werte sind nicht verhandelbar, sie spiegeln das wider, wofür du stehst und woran du glaubst – immer und überall. Erfolgreiche Menschen definieren deshalb klare Werte für sich und kommunizieren diese unmissverständlich nach außen. In der Hektik im digitalen Zeitalter spielen Werte eine besonders wichtige Rolle, weil sie uns Halt geben. In Zeiten, in denen nichts außer dem Wandel sicher ist, sind Werte die Eckpfeiler unserer Zeit.

Wofür willst du stehen? Was ist dir wichtig? Ich helfe dir bei der Beantwortung dieser Fragen. Mit dabei ist Professor Claus Hipp, denn niemand weiß besser, was es heißt, mit seinem Namen für etwas Wichtiges zu bürgen, in seinem Fall für die Gesundheit unserer Kinder. Er verkörpert alles, was meiner Idealvorstellung des Tools »Werte« entspricht:

> **Ich habe klare moralische und ethische Grundsätze sowie fachliche Ansprüche an mich selbst, die ich stets verkörpere und die nicht zur Debatte stehen.**

Emotionen

Weniger Ratio, mehr Herz. Wir Menschen sind emotionale Wesen und sollten dazu stehen, statt es zu unterdrücken. Es sind die besonderen Momente in unserem Leben, die besonders starke Gefühle in uns auslösen und genau deshalb im Gedächtnis bleiben. Sei es die erste Liebe, der erste Kuss, aber auch ein tragischer Todesfall – es sind Erinnerungen, die uns ein Leben lang prägen. Erfolgreiche Persönlichkeitsmarken sind sich dessen bewusst. Mehr noch, sie sind Meister darin, genau solche starken Emotionen bei ihren Mitmenschen auszulösen.

In Zeiten von Vergleichsportalen und Kundenrezensionen im Internet reicht eine formschöne Hochglanz-Werbebroschüre oder ein reines Produktversprechen schon lange nicht mehr aus. Erst wer bei seinem

Gegenüber etwas im Herzen auslösen kann, bleibt auch im Kopf. Menschen, die einen Porsche kaufen, tun das nicht nur wegen der Motorleistung. Fußballfans wollen von ihrer Mannschaft mehr sehen als nur Tore; sie wollen Leidenschaft und Zusammenhalt spüren. Der Slogan des BVB lautet daher nicht umsonst »Echte Liebe«. Marketingchef Carsten Cramer liefert dazu tiefere Einblicke.

Für dich lautet die Idealvorstellung:

> **Ich habe eine tiefe Verbindung zu meiner Zielgruppe und löse in ihr Gefühle aus.**

Selbstverantwortung

Der Luxus unserer Zeit hat uns faul gemacht – leider. Wir müssen deshalb aus der Illusion aufwachen, wir müssten uns nicht mehr anstrengen, um wirklich Großartiges zu erreichen! Google kann zwar viele unserer Suchanfragen blitzschnell beantworten, macht uns aber nicht unbedingt schlauer. Facebook gibt uns zwar eine Plattform, um mit Menschen auf der anderen Seite der Welt zu kommunizieren, bringt uns jedoch sicher keine Fremdsprache bei. Und ein Spitzname auf Instagram befreit uns nicht von unseren guten Sitten und der Pflicht zur Nächstenliebe.

Wir haben nicht das Recht, faul zu sein, sondern die Pflicht, unsere Potenziale zu erkennen und zu nutzen – und zwar am besten für Gutes auf der Welt. Dafür braucht es Mut und eine gehörige Portion Selbstverantwortung. Denn nur wer sein Handeln hinterfragt, bleibt bei sich selbst. Instagram-Star Louis Darcis weiß, was es bedeutet, seinen eigenen unkonventionellen Weg zu gehen. Er spricht darüber, wie gerade junge Menschen den Mut finden können, ihren Träumen nachzugehen, und liefert einen tiefen Einblick, wie das Leben als eigenverantwortliche Social-Media-Bekanntheit wirklich ist.

Wie sehr trifft die folgende Idealvorstellung auf dich zu?

Ich übernehme Verantwortung für mein Handeln – immer und überall.

Geschichten

Schon unsere Urahnen wussten: Geschichten bleiben im Kopf, Zahlen und Fakten eher weniger. Das bedeutet nicht, dass sie nicht wichtig wären, aber deine Abiturnote wird sicher schneller vergessen sein als dein Auftritt bei der ersten Betriebsfeier. Warum? Ganz einfach: Geschichten schaffen Identifikationsflächen, sie verbinden uns. Und wir lieben es, gute Geschichten zu hören und welche zu erzählen. Manche sind sogar so gut, dass wir sie uns auf jedem Klassentreffen erneut erzählen – und langweilig werden sie dennoch nie.

Was ist deine Geschichte? Welche Geschichte erzählen Menschen von dir, wenn du nicht im Raum bist? Jeder Mensch hat einen unverwechselbaren Weg, auf dem er sich befindet. Ich möchte dir dabei helfen, diesen in seiner Einzigartigkeit zu erkennen. Als Unterstützung habe ich mit Wladimir Klitschko über seinen Werdegang gesprochen. Offen und ehrlich blickt er zurück, schaut aber auch in die Zukunft und gibt dir damit die Inspiration, dass du auch bald dort bist, wo er schon ist – bei meiner Idealvorstellung im Bereich Geschichten:

Meine spannende Geschichte bleibt im Gedächtnis meiner Mitmenschen. Sie ist unverwechselbar mit mir verknüpft.

Vertrauen

Die Welt in einer Vertrauenskrise? So oder so ähnlich sehen es zumindest viele Experten. Argumente gibt es dafür zur Genüge, die Skepsis ist allgegenwärtig. Sei es gegenüber der Presse oder Großkonzernen aus dem Silicon Valley. Das Vertrauen wird derzeit auf eine harte Probe gestellt. Das spürt auch die Fernsehmoderatorin Carolin Henseler und sagt deshalb: Umso wichtiger und kostbarer ist Vertrauen. Es verschafft in unserer Überflussgesellschaft einen entscheidenden Vorteil. Denn Menschen, die einander vertrauen, vergleichen sich weniger. Stellen sich nicht pausenlos auf die Probe. Vertrauen vereinfacht die Dinge – und in einer chaotischen Welt ist das ein Geschenk. Doch es kommt nicht schön verpackt frei Haus, du musst es dir schon erarbeiten. Das beginnt bei dir selbst – vertraust du deinen eigenen Fähigkeiten? – und endet bei deinem Gegenüber.

10 Punkte erreichst du deshalb, wenn folgende Idealvorstellung zu 100 Prozent auf dich zutrifft:

> **Ich habe großes Vertrauen in meine eigenen Fähigkeiten und genieße großes Vertrauen meiner Mitmenschen.**

Dynamik

Ich werde in diesem Buch häufig auf die Veränderungen dieser Welt und die Folgen, die dadurch entstehen, zu sprechen kommen. Niemals zuvor kam der Wandel schneller. Technische Innovationen sind keine Frage von Generationen mehr, sondern von Minuten. Alles ist schneller und immer schneller. Wer nicht mithält, bleibt auf der Strecke. Wer sich selbst auf dem Weg verliert, rennt in die falsche Richtung. Was zählt, ist die richtige Balance aus Innovation und Tradition – aus dem Willen, sich weiterzuentwickeln, und dem Mut, das zu wahren, wofür einen andere lieben. Detlef D! Soost unterstreicht das: Er ist ein Dauerläufer, nie satt, stets bei sich selbst und deshalb die Idealbesetzung. Seine Einstellung entspricht meiner Idealvorstellung:

> **Ich verstecke mich nicht vor Veränderungen und versuche mich immer weiterzuentwickeln, ohne dabei meine Grundsätze zu verlieren.**

Social Web

In meinen Gesprächen mit den Experten wurde eine Sache deutlich: Social Media halten alle erfolgreichen Persönlichkeitsmarken für enorm wichtig. Doch wirklich gerne beschäftigen sich die meisten nicht damit. Wieso? Weil Social Media mehr Arbeit abverlangen, als es auf den ersten Blick den Anschein hat. Das Internet hält nahezu grenzenlose Möglichkeiten bereit, doch in letzter Instanz müssen wir diese auch wahrnehmen. Glücklicherweise gibt es viele Menschen, die wissen, wie das funktioniert. In Kapitel *Social Web: work smart, not hard* gebe ich dir daher einen Einblick in den Facebook-Algorithmus. Ibrahim Evsan, erfolgreicher Digitalunternehmer und eine absolute Koryphäe im Bereich Social Media, ergänzt diesen mit wertvollen Tipps. In meiner Idealvorstellung sind Aktivitäten in den sozialen Medien nämlich keine lästige Arbeit mehr, sondern längst Normalität. Das führt zu folgender Idealvorstellung:

> **Ich nutze das Internet und die sozialen Medien aktiv, um in Kontakt mit meiner Zielgruppe zu bleiben, und pflege meine Onlinepräsenz stetig.**

Positionierung

Hier schließt sich der Kreis: Erfolgreiche Persönlichkeitsmarken zeichnen sich dadurch aus, dass sie all die Fähigkeiten und Qualitäten, die sie in den einzelnen Bereichen besitzen, auch authentisch nach außen tragen. Sich zu positionieren bedeutet deshalb auch immer Fokussierung und Vereinfachung. Ich möchte dir dabei helfen, dich selbst besser kennenzulernen. Finde heraus, für welche Kompetenzen, Werte und Ideen du in letzter Instanz wirklich stehen willst, und lerne, wie du sie ehrlich vertrittst. Hierzu warten einige Übungen und hilfreiche Tipps auf dich, die du sofort umsetzen kannst. Als besonderes Schmankerl erzählt Sterne-Koch und TV-Größe Ali Güngörmüs von seinem Weg an die Spitze der deutschen Fernsehköche. Sein Geheimrezept: Klare Worte, klare

Kante und eine gehörige Portion Lebensfreude. Für mich ist dieses Tool von besonderer Bedeutung, denn nichts ist verschenkter als immense Qualität, die nicht gehört wird. Du sollst gehört werden, denn du bist *endlich einzigartig.*

Meine Idealvorstellung einer gelungenen Positionierung lautet:

Ich kenne meine Stärken und Schwächen, habe ein klares Profil und kenne meine Zielgruppe.

Die Selbstverortung, d. h. die Punktezahl, soll sich somit an folgenden Leitaussagen orientieren:

Werte: Ich habe klare moralische und ethische Grundsätze sowie fachliche Ansprüche an mich selbst, die ich stets verkörpere und die nicht zur Debatte stehen.

Emotionen: Ich habe eine tiefe Verbindung zu meiner Zielgruppe und löse in ihr Gefühle aus.

Selbstverantwortung: Ich übernehme Verantwortung für mein Handeln – immer und überall.

Geschichten: Meine spannende Geschichte bleibt im Gedächtnis meiner Mitmenschen. Sie ist unverwechselbar mit mir verknüpft.

Vertrauen: Ich habe großes Vertrauen in meine eigenen Fähigkeiten und genieße großes Vertrauen meiner Mitmenschen.

Dynamik: Ich verstecke mich nicht vor Veränderungen und versuche mich immer weiterzuentwickeln, ohne dabei meine Grundsätze zu verlieren.

Social Web: Ich nutze das Internet und die sozialen Medien aktiv, um in Kontakt mit meiner Zielgruppe zu bleiben, und pflege meine Onlinepräsenz stetig.

Positionierung: Ich kenne meine Stärken und Schwächen, habe ein klares Profil und kenne meine Zielgruppe.

Auf diesem spannenden Weg wünsche ich dir viel Spaß und Erfolg, dein Hermann Wala

1.
Werte:
Klare Haltung, klarer Mehrwert

Wenn man jünger ist, will man die gut gemeinten Ratschläge seiner Eltern oft nicht hören – ich war keine Ausnahme. Auch ich war ein Rebell. Umso mehr weiß ich heute die Seelenruhe meines Vaters zu schätzen, die er trotz meiner jugendlichen Launen stets beibehielt. Dabei war sein Anspruch an alle seine Kinder so einfach wie genial: Das Einzige, das er immer von mir wollte, war, dass ich mein Wort halte. Ja, das klingt vielleicht altbacken: »Ein Mann, ein Wort.« Aber mein Vater fasste diesen Ausdruck weiter. Es war okay, wenn ich große Herausforderungen suchte. Es war okay, wenn ich eben nicht bescheiden war. Und es war okay, wenn ich Risiken einging. Hauptsache, ich lieferte am Ende und suchte im Falle des Scheiterns die Schuld nicht woanders. Mein Vater hat dadurch in mir den Erfindergeist geweckt und mir gezeigt, dass es richtig ist, selbstbewusst zu sein. Dazu gehört es auch, seine Schwächen zu kennen, denn nur so kommt man weiter.

Selbstverantwortung gehört daher für mich zu den wichtigsten Werten überhaupt. Ehrlichkeit, Vertrauen, Reflexion, Optimismus, Ehrgeiz – all das kommt an diesem Punkt zusammen. Ich investiere heutzutage kein Geld mehr in Ideen, sondern in Menschen, bei denen ich solche Werte sehe. Es gibt wenige Verbindungen, die so stark sein können wie ein gemeinsames Wertesystem. Zum Glück habe ich solche Menschen in meinem Leben, wie meine Assistentin Vanessa oder meine Frau. Ethische und moralische Grundsätze sollten nicht verhandelbar sein – zum Glück sind unsere identisch.

Als ich vor ein paar Jahren einem Geschäftspartner völlig selbstverständlich erzählte, dass Vanessa alle meine Passwörter und Kreditkarten-PINs kennt, fiel dieser fast vom Stuhl. Für mich hingegen ist das völlig normal – weil ich ihr vertraue. Apropos Vertrauen, fast zwanzig Jahre Ehe wären ohne Werte wie Vertrauen, Loyalität und Ehrlichkeit ohnehin nicht zu meistern. Ich bin stolz zu sagen, dass genau das meine Frau und mich auszeichnet. Lediglich bei einem Wert gehen unsere Vorstellungen auseinander: Pünktlichkeit. Aber da drücke ich gerne ein Auge zu, Schatz.

Von Bilanzen und Glaubenssätzen

Ein Spaziergang durch die Gassen Berlins, genauer gesagt durch Kreuzberg. Von dem Problemviertel oder sozialen Brennpunkt, wie dieser Stadtteil früher bezeichnet wurde, ist bis auf einige heruntergekommene Häuserfassaden nichts mehr übrig. Das Einzige, was hier noch schlägt, ist das Herz der Generation Y. »Veggie« hier, »vegan« dort und zwischendurch immer mal wieder »Coffee to go«, aber bloß nicht mit Kuhmilch, sondern natürlich mit Sojamilch – und wer etwas auf sich hält, bestellt seinen Fairtrade-Kaffee mit Mandelmilch. Natürlich alles bio, das steht gar nicht mehr zur Debatte. Ein Stück weiter die Klamottenläden, meistens Secondhand, aber scheinbar niemals von Kinderhand in Bangladesch gefertigt.

Cool ist hier, wer nachdenkt. Konsum ist mehr Aufgabe als stupide Bedürfnisbefriedigung. Vom Grundsatz »Erst kommt das Fressen, dann die Moral« will hier in der Hochburg der Generation Y keiner mehr etwas hören – mit erheblichem Einfluss auf den Erfolg von Marken. Das alte Kosten-Nutzen-Modell ist veraltet; es genügt nicht mehr, das günstigste Produkt mit annehmbarer Qualität anzubieten. Die Generation Y will mehr sehen: Marken, die sich für das Wohl der Gesellschaft einsetzen und immer daran denken, dass die nachfolgende Generation auch noch etwas von der Welt haben soll. Nachhaltigkeit ersetzt Profitmaximierung. Werte definieren den Wert erfolgreicher Marken und erfolgreicher Menschen.

Nicht mehr als ein Trend, behaupten Kritiker. Aber das ist zu kurz gegriffen. Wertorientierter Konsum ist eine Entwicklung unserer Zeit. Bereits zur Jahrtausendwende stellte der amerikanische Soziologe Paul H. Ray die Ergebnisse seiner 13 Jahre andauernden Werteumfrage vor.[3] Das Ergebnis: 50 Millionen Amerikaner gehören – ob bewusst oder unbewusst – der am schnellsten wachsenden Werteszene der »Kulturell Kreativen« an. Ab 2007 wurde diese Szene in Deutschland unter dem Begriff LOHAS bekannt. LOHAS steht für *Life Of Health And Sustainability* und beschreibt eben jene Gruppe, die ihr Augenmerk auf Gesundheit und Nachhaltigkeit legt. Die aktuellsten Zahlen machen dabei deutlich, welch einen Einfluss diese Wertorientierung im Marketing besitzt. Laut Verbraucherforschung der GfK zeigen mittlerweile 30 Prozent der Haushalte in Deutschland eine hohe Affinität zu gesunder, nachhaltiger Ernährung. Seit 2007 hat sich der Marktanteil von Bioprodukten verdoppelt.[4] Rund 8 Millionen Menschen ernähren sich in Deutschland mittlerweile vegetarisch, 1,3 Millionen rein pflanzlich. Im Jahr 2016 gab es deutschlandweit 777 Restaurants, die komplett auf Fleischgerichte verzichteten. Zum Vergleich: Im Jahr 2014 waren es gerade einmal halb so viele.[5]

Es scheint, als feiere die philosophische Ethik ihr großes Comeback in der Konsumwelt. Aus den Schriften Immanuel Kants und Hans Jonas' werden Glaubenssätze der jungen Konsumenten und eine Bedienungsanleitung für erfolgreiche Marken:

>*»Handle nur nach derjenigen Maxime, durch die du zugleich wollen kannst, dass sie ein allgemeines Gesetz werde.«*
>
> Immanuel Kant, 1788

Das klingt so gar nicht nach Hungerlohn, Ausbeutung oder Kinderarbeit. Werte wie Gerechtigkeit, Fairness und Selbstreflexion rücken in den Vordergrund – insbesondere für Manager, die in einer besonderen sozialen Verantwortung stehen. Zwei Beispiele: Wenn Siemens-Chef Joe Kaeser nach einem Rekordjahr mit 6,2 Milliarden Euro Nettogewinn 7000 Jobs streicht und zwei Werke in Leipzig und Görlitz schließen will, sorgt das nicht nur für große Unzufriedenheit innerhalb des Unternehmens. In Zeiten von Twitter und Facebook wird es ein öffentlicher Skandal und kann dem Ruf von Siemens und Kaeser nachhaltig Schaden zufügen. Wenn der französische PSA-Konzern Opel übernimmt und einen harten Sanierungskurs ankündigt, sorgt das für Existenzängste bei den Mitarbeitern. Die folgenden Streiks schaden nicht nur der Produktivität des Unternehmens, sondern senden ein verheerendes Zeichen an die Öffentlichkeit. Das kann einem potenziellen Kunden schon mal den Appetit vermiesen, so attraktiv das Leasing-Angebot auch scheint.

Du solltest dich deshalb immer fragen, ob du dein Handeln auch bei jedem anderen Menschen akzeptieren und unterstützen würdest. Falls nicht, solltest du dir über das Echo bewusst sein und lieber noch ein zweites Mal überlegen.

>>*Handle so, dass die Wirkungen deiner Handlung verträglich sind mit der Permanenz echten menschlichen Lebens auf Erden.*«

Hans Jonas, 1979

Der zweite elementare Glaubenssatz der LOHAS ist ebenfalls keine neue Erfindung. Genauer gesagt ist er eine Wiederentdeckung aus den späten 1970er Jahren und stammt vom Philosophen Hans Jonas. Die moderne Interpretation dahinter ist simpel: Umweltverschmutzung, Ressourcenverschwendung und Dinge wie Massentierhaltung oder Plastiktüten sind uncool. Erneuerbare Energien, (wenn überhaupt) regionale Tierhaltung und Mehrwegbecher werden hingegen geschätzt. Eine Entwicklung, die vor keiner Branche Halt macht. Zum Beispiel in der Automobilindustrie, Stichwort Dieselskandal und E-Mobilität. In den Supermärkten kosten Plastiktüten jetzt 20 Cent und Starbuck's füllt deine Thermoskanne zu vergünstigten Konditionen auf – alles der Umwelt zuliebe.

Als Faustregel kannst du dir deshalb Folgendes merken: Je kleiner dein ökologischer Fußabdruck wahrgenommen wird, desto stärker wird dein Markenimage bei der Generation Y.

McDonald's – Grün als Farbe der Hoffnung

Ein eindrucksvolles Beispiel für den massiven Einfluss dieser neuen Werteorientierung ist der Wandel der größten Fastfood-Kette der Welt, McDonald's. Seit 78 Jahren stand das große gelbe M für Burger, Pommes und Chicken McNuggets, für günstiges Essen und schnelle Zubereitungszeiten. Doch ab 2013 schien das nicht mehr zu reichen. Die Umsätze gingen Jahr für Jahr zurück. Die ehemalige Stammkundschaft wich auf Alternativen aus.[6] Seien es neue kleine, sympathische Läden im Szeneviertel oder die Burger-Kette Hans im Glück in Baumhausoptik. Das uralte Konzept manövrierte den Konzern in eine Sinnkrise. Deshalb unterzog sich der Burger-Riese einem gigantischen Imagewandel. Sojaplantagen im Amazonasgebiet, Einsatz von Gentechnik und Antibiotika und gigantische Gammelfleisch-Skandale wie in China sollten der Vergangenheit angehören.

McDonald's setzte ab 2009 alles auf Grün – im wahrsten Sinne des Wortes. Angefangen beim Corporate Design: Die Farbe Rot wurde aus den Restaurants und dem Logo endgültig verbannt. Das gelbe M strahlt jetzt auf grünem Hintergrund. Auf der Speisekarte stehen neben den Klassikern wie Big Mac oder Cheeseburger mittlerweile auch Salate, Obst sowie vegetarische und vegane Burger. Auf der Homepage präsentiert das Unternehmen einen eigenen Bereich zum Thema Nachhaltigkeit, samt jährlichem Nachhaltigkeitsbericht. Es geht um den ökologischen Fußabdruck, um die Herkunft des Fleisches, die Tierhaltung und gesundheitliche Aspekte. Bis zum Jahr 2025 sollen alle in den Restaurants verwendeten Verpackungen aus Recyclingmaterialien oder nachwachsenden Rohstoffen bestehen. Die Heißgetränke sollen kurzfristig ausschließlich in Porzellantassen serviert werden – weil es der Kunde so will, heißt es. Ein forcierter Imagewandel, wie er im Bilderbuch steht. McDonald's will die LOHAS besänftigen. Und wenn die Kundschaft Grünkohl und Spinat verlangt, dann bekommt sie genau das.[7] Kein Kunde soll mehr ein schlechtes Gewissen haben, wenn er in seinen Burger beißt – weder seinem Körper noch der Umwelt oder der Gesellschaft gegenüber. Ob es sich dabei um großteils leere Worthülsen handelt, steht auf einem anderen Blatt. Fakt ist: Der hauseigene Cheeseburger soll wieder »wert-voller« werden.

Was ist wirklich wertvoll?

Das Konsumverhalten des 21. Jahrhundert definiert den »Wert« völlig neu. Mehr noch, es verbindet zwei Bereiche, die über Jahrhunderte als unvereinbar galten: Wirtschaft und Ethik. An dieser Stelle wird es wichtig zu differenzieren: Ein »Wert« und »Werte« waren in der Vergangenheit völlig unterschiedliche Dinge. Ein »Wert« in der Wirtschaft beschreibt im Grunde genommen nur den Preis, den ein Kunde bereit ist zu zahlen. »Werte« hingegen definieren in der Sozialwissenschaft erstrebenswerte oder moralisch gut betrachtete Eigenschaften, die einem Produkt oder einer Person beigemessen werden.[8] Spannend wird es, wenn man sich die aktuelle Definition von »Wert« im *Gabler Wirtschaftslexikon* anschaut:

> *»Ausdruck der Wichtigkeit eines Gutes, die es für die Befriedigung der subjektiven Bedürfnisse besitzt, wie sie sich etwa in seinem Nutzen und in der betreffenden Präferenzordnung des Wirtschaftssubjektes widerspiegelt.«*[9]

Das bedeutet also, der Wert eines Gutes ist niemals objektiv. »Subjektiv« ist das ausschlaggebende Wort in dieser Definition. Der Wert richtet sich daher immer nach dem Menschen, der das entsprechende Gut betrachtet. Vergiss deshalb erst einmal das Preisargument. Für dich als Marke ist es von viel größerer Wichtigkeit, die individuellen Bedürfnisse deiner potenziellen Kunden zu befriedigen, die für sie einen hohen Stellenwert haben. In diesem Kontext werden gemeinsame Werte des Kunden und der Marke in der heutigen Zeit zum besten Kaufargument.

AUFGABE:

Du findest im Folgenden zwei Markenpärchen. Ordne den folgenden Marken bitte Werte zu. Nutze dafür zwei verschiedene Farben und umkreise die jeweils zutreffenden Begriffe.

Tesla vs. Daihatsu

Verantwortung	Effizienz	Beliebtheit	Transparenz	Wissen	Entwicklung
Glück	Sicherheit	Hoffnung	Erfolg	Schönheit	Begeisterung
Herzlichkeit	Neugierde	Toleranz	Überlegenheit	Vertrauen	Innovation
Sinn	Optimismus	Authentizität	Qualität	Aufregung	Nachhaltigkeit

Federer vs. Becker

Verantwortung	Effizienz	Beliebtheit	Transparenz	Wissen	Entwicklung
Glück	Sicherheit	Hoffnung	Erfolg	Schönheit	Begeisterung
Herzlichkeit	Neugierde	Toleranz	Überlegenheit	Vertrauen	Innovation
Sinn	Optimismus	Authentizität	Qualität	Aufregung	Nachhaltigkeit

Mit großer Wahrscheinlichkeit konntest du mit Tesla und Roger Federer mehr Werte in Verbindung bringen als mit Daihatsu und Boris Becker. Logisch, denn kaum einer würde Tesla Werte wie Innovation oder Nachhaltigkeit abschreiben. Neugierde und Hoffnung sind ebenfalls Werte, die sofort mit dem Thema Elektromobilität verbunden werden. Nicht umsonst wachsen die Absatzzahlen von Tesla rasant, das Netz an Ladestationen wird in Deutschland ausgebaut.[10] Daihatsu hingegen musste in der jüngsten Vergangenheit am eigenen Leib erfahren, welche Konsequenzen es hat, wenn die Konsumenten das eigene Produkt mit Anti-Werten wie wenig Qualität, wenig Komfort oder wenig Innovation in Verbindung bringen. Das Design vieler Daihatsu-Modelle war nicht nach dem europäischen Geschmack. Die fatalen Crashtests sprachen für mindere Qualität und Sicherheit. Daihatsu stand für nichts, was für die Kunden auch nur ansatzweise als erstrebenswert galt – außer vielleicht dem Preis. Aber das reicht im 21. Jahrhundert nicht mehr aus. Im Jahr 2013 stellte Daihatsu das Neuwagengeschäft ein.

Roger Federer steht derweil wie kaum ein anderer Top-Athlet für Verantwortung (Roger Federer Foundation), Beliebtheit (5,2 Millionen Instagram-Follower)[11], Erfolg und für viele Damen auch für Schönheit. Sein neuester Ausrüsterdeal mit Uniqlo bringt dem Schweizer in den kommenden zehn Jahren nicht umsonst rund 300 Millionen ein.[12] Boris Becker hingegen muss sich mit Pleitegerüchten herumschlagen, während seine Marke leidet. Ohne Werte kein Wert – ganz einfach.

Warum Maslow nicht mehr den Nerv der Zeit trifft

Aber woher kommt auf einmal dieses Wertebewusstsein bei den Konsumenten? Wieso durchdenken wir mittlerweile unsere Entscheidungen und fragen uns, ob wir das große Ganze hinter dem Produkt oder der Dienstleistung unterstützen wollen? Was ist aus »Erst kommt das Fressen, dann die Moral« geworden? Hat uns der Gründervater der humanistischen Psychologie, Abraham Maslow, nicht etwas anderes gelehrt? Ja, hat er. Aber er konnte in den 1950er Jahren nicht wissen, was noch alles folgen sollte.

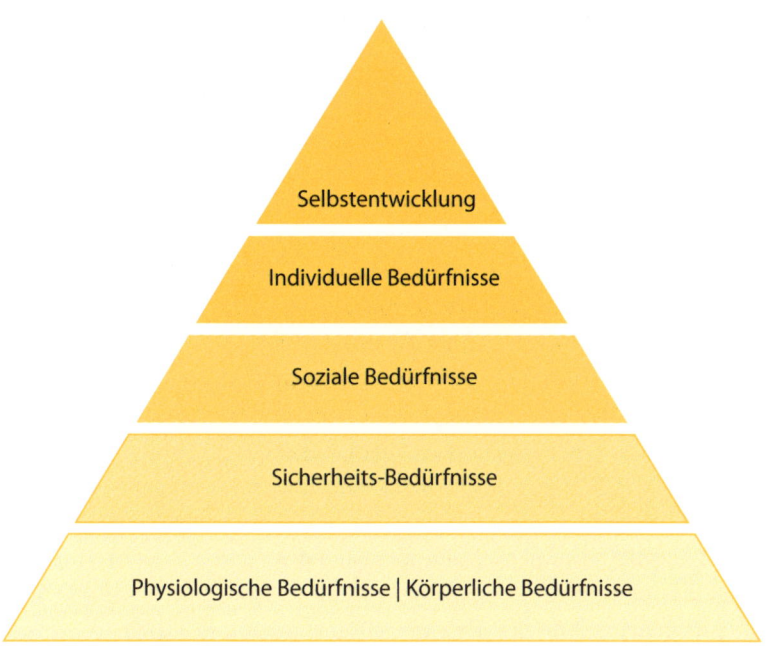

Maslowsche Bedürfnispyramide[13]

In der Maslowschen Bedürfnispyramide werden die menschlichen Bedürfnisse und Motivationen in eine hierarchische Struktur gebracht. Die Basis bilden dabei überlebensnotwendige Bedürfnisse, die als Erstes gedeckt sein müssen. Weiter oben finden sich Bedürfnisse, die eher »nice to have« sind. Wenn eine Stufe erreicht und gesichert ist, dann möchte der Mensch seine Bedürfnisse in der Stufe darüber befriedigen, so die Theorie. Doch die Generation Y ist die erste Generation, die nicht klettern muss, sie ist bereits ganz oben bei der Selbstverwirklichung.

Angefangen bei dem Grundbedürfnis Essen und Trinken: Jeder Mensch in Westeuropa oder den USA weiß, dass dieses Bedürfnis abgedeckt ist. Wir suchen also einen tieferen Sinn, transferieren diese Motive in die eigentlich höchste Stufe der Selbstverwirklichung. Das Resultat findest du auf den sozialen Plattformen: schöne, bunte Fotos vom Bagel, vom Kaffee oder von der Smoothie-Bowl. Dasselbe Spiel bei der zweiten und dritten Ebene: Die Sicherheitsbedürfnisse umfassen vor allem das Thema Arbeit. Mittlerweile sollte auch die letzte Chefetage verstanden haben, dass Karriere machen bei der jüngeren Generation vor allem heißt, sich selbst zu verwirklichen. Gehalt und Firmenwagen reichen als Köder für neue Mitarbeiter nicht mehr aus. Es gibt kaum noch eine Stellenausschreibung, die nicht mit Weiterbildungen und Förderung der eigenen Potenziale wirbt. Flexible Arbeitszeiten sind in der Zeit der Digitalisierung ein Muss, genauso wie schnelle Kommunikationswege. Es geht in erster Linie nicht um ein exorbitantes Gehalt, sondern um »flache Hierarchien«. Die dritte Ebene bilden soziale Bedürfnisse wie Liebe und Zuneigung. In der heutigen »Feedback-Gesellschaft« werden wir damit nahezu überhäuft. Facebook, Instagram, Twitter – es geht immer um Likes, um Herzen und Gefällt-mir-Angaben. Die Generation Y hat so ein feines Gespür dafür entwickelt, was beliebt ist und was nicht. Und weil gemeinsame Werte eben einen Wert schaffen, ist es auch keine schwierige Entscheidung, ob ich mich jetzt mit der Discounter-Fleischwurst zum Frühstück ablichten lasse oder mit der Fairtrade-Bio-Avocado.

Das Comeback der Werte

Zusammengefasst gibt es also zwei eng miteinander verknüpfte Gründe, die dafür verantwortlich sind, dass Werte ein elementarer Bestandteil erfolgreicher Persönlichkeitsmarken sind.

1. **Uns geht es sehr gut.** Wie bereits beschrieben, sind unsere Grundbedürfnisse weitestgehend gedeckt. Existenzängste sind eher die absolute Ausnahme als die Regel – in den westlichen Industrienationen leben wir größtenteils im Luxus. Einfach gesagt: Wir können es uns leisten, über Werte nachzudenken. Die Generation Y strebt wie keine Generation zuvor nach Unabhängigkeit und Autonomie. Das gilt auch in ihrer Markenbeziehung. Die Gleichung ist dabei eine ganz einfache: Je »wert-voller« mein Konsum, desto höher die Anerkennung meiner Mitmenschen, desto höher meine Selbstverwirklichung. Ja, die neue Form der Werteorientierung ist vielleicht egoistisch, aber sie ist real.

2. **Wir haben zu viel Auswahl.** Immer mehr Produkte stehen uns zur Verfügung. Das gilt auf jeder Ebene, vom Auto bis runter zum Trinkwasser. Die Markenloyalität rückt in weite Ferne. Die Werte, die wir einer Marke zuordnen, werden zu einem Bewertungssystem. Erinnere dich an den Tesla/Daihatsu-Vergleich. Das geschieht unzählige Male im Alltag, im Supermarkt und im Internet. Werte schaffen Orientierung.

Für Marken entsteht so ein wahrer Werte-Wettkampf. In Deutschland ist es ausgerechnet eine Brauerei, die dafür berühmt ist. Seit 2002 engagiert sich Krombacher für Naturschutzprojekte im Regenwald. Der ehemalige Werbespot mit Günther Jauch gilt als legendär. Für jeden verkauften Bierkasten versprach der Konzern die Erhaltung eines Quadratmeters Regenwald. »Saufen für den guten Zweck« hat sich seitdem eingebürgert. Aber es gibt auch andere Beispiele. Der Hamburger Limonaden-Hersteller ChariTea suggeriert dem Verbraucher alleine durch den Namen, für welche

Werte das Unternehmen steht: Von jedem Eistee, den das Unternehmen verkauft, fließt ein fester Anteil an wohltätige Zwecke. Der Eisproduzent Ben&Jerry's hat neben den Fairtrade-Hinweisen eigenständig eine weitere optische Ergänzung an der Verpackung hinzugefügt. Auf den neuen Sorten ist eine Kuh mit einem »Refugees-Welcome«-Schild abgebildet.

Nichts davon verhindert zwar den Kater und/oder den Hüftspeck, den ich mir durch diese Produkte einheimse, aber wenn ich schon Alkohol, Zucker- und Kalorienbomben zu mir nehme, so kann ich damit wenigstens etwas Gutes für andere tun.

Wofür willst du stehen?

Die Frage lautet: Für welche Werte stehst du? Werte verleihen dir eine Identität, sie definieren, wofür du kämpfst und woran du glaubst. Werte sind stabil, geben Halt und können so eine tiefe Verbundenheit zwischen Kunden und Marke schaffen. Sie geben deinen innersten Kern wieder und machen diesen greifbar. Doch oftmals ist es gar nicht so leicht zu ermitteln, wofür man stehen möchte.

AUFGABE:

Nimm dir 20 Sekunden Zeit und schreibe vier der für dich wichtigsten Werte auf, die sowohl für dein Privatleben als auch im beruflichen Rahmen die Basis darstellen und für dich somit unabdingbar sind.

1. Respekt
2. Nachhaltigkeit
3. Kreativität
4. Liebe

Du wirst gemerkt haben, dass das gar nicht so leicht ist – weder für Studenten noch für Topmanager. Das ernüchternde Resultat findest du in den Studien von Prof. Dr. Karsten Kilian.[14] So haben er und andere Forscher herausgefunden, dass in gut 80 Prozent aller Selbstbeschreibungen von Unternehmen die Begriffe Qualität, Tradition, Innovation, Zukunftsorientierung, Zuverlässigkeit, Kompetenz sowie Kunden- und Serviceorientierung vorkommen. Vier von zehn Unternehmen definieren dabei »Qualität« als ihren höchsten Markenwert. 08/15-Markenwerte, sagt Kilian. Langweilig!, schreit die Zielgruppe. Qualität, Innovation und Kundenorientierung sind keine echten Werte, sondern Grundvoraussetzungen. Die neue Generation der Konsumenten will begeistert werden – zu groß ist die Auswahl an Alternativen, zu hoch die viel zitierte Qualität der Konkurrenz. So unspezifische und abstrakte Versprechungen bieten heutzutage keinen Mehrwert mehr, sie gehen schlichtweg unter und machen somit genau das, was sie eben nicht sollen: verschleiern statt charakterisieren.

Werte auf dem richtigen KURS

Konzentriere dich deshalb auf einige wenige Werte. Kilian hat dafür die sogenannte KURS-Methode entwickelt. Werte sollen demnach **k**onkret, **u**rsächlich, **r**elevant und **s**pezifisch sein.

Konkret

Konkrete Werte sind bedeutungsvoll und inspirierend – für Mitarbeiter und Zielgruppe gleichermaßen. Sie sind im Gegensatz zu den 08/15-Werten bildhaft, klar und greifbar. Einen Interpretationsspielraum lassen sie – wenn überhaupt – nur sehr begrenzt zu.

Ursächlich

Du musst deine Werte selbst leben, sie sind auf dir begründet. Die Menschen werden dich nach diesen Werten bewerten. Das erfordert schlagkräftige Nachweise. Das macht Markenwerte authentisch.

Relevant

Deine Werte müssen für deine Zielgruppe von Bedeutung sein. Wenn du ein Bestattungsunternehmen führst und als Hauptwert »Spaß« definierst, befindest du dich auf dem falschen Weg. Vertreibst du jedoch Kreissägen und schreibst dir »Präzision« auf die Fahnen, ergibt das Sinn: für den Heimwerker, der genau das fordert, und für die Mitarbeiter, die eine klare Leitlinie in der Produktion bekommen. Funktionierende Werte sind deshalb immer authentisch.

Spezifisch

Werte müssen dich von deinen Wettbewerbern abgrenzen. Im besten Fall verkörperst ausschließlich *du* diese Werte. Um solche Werte zu finden, lohnt es sich, mit den Gedanken in die Vergangenheit zu reisen. Frag dich: Welche Situationen in deinem Leben haben sich bei dir eingebrannt und waren ganz besonders? Was konntest du aus diesen Situationen lernen und für dich mitnehmen?

AUFGABE:

Definiere nun erneut deine vier wichtigsten Werte!

1. _____

2. _____

3. _____

4. _____

Fazit: Werte

Werte verleihen dir eine Identität. Sie geben an, woran du glaubst. Werte sind stabil, geben Halt und können eine tiefe Verbundenheit zwischen Kunden und Marke schaffen.

→ Werte werden im Marketing immer wichtiger. Nicht zuletzt die LOHAS-Bewegung ist ein Zeichen dafür, dass die Konsumenten immer werteorientierter handeln.

→ Die Themen Nachhaltigkeit und Gesundheit werden zu Glaubenssätzen der jungen Generation. Selbst Weltunternehmen wie McDonald's müssen sich darauf einstellen.

→ Das Preisargument reicht nicht mehr aus. Die Auswahl an Alternativen ist zu groß, die Kunden wollen sich mit der Marke identifizieren. Werte werden so zum Kaufargument. So gilt: Je mehr gemeinsame Werte, desto »wert-voller« die Marke.

→ Werte wirken auch nach innen. Authentisch gelebte Werte der Führungskraft schaffen eine Identifikationsfläche für Mitarbeiter.

→ Inhaltsleere und abstrakte Werte sind unbedingt zu vermeiden. Streiche Werte wie »Qualität« aus deiner Selbstbeschreibung.

→ Erfolgreiche Marken definieren klare Werte für sich. Das KURS-Modell von Kilian bietet einen guten Anhaltspunkt: Demnach sollten Werte konkret, ursächlich, relevant und spezifisch sein.

Interview mit Claus Hipp,
Erfolgsunternehmer, über das Thema Werte

»Dafür stehe ich mit meinem Namen.« Es sind diese Worte, die Claus Hipp berühmt gemacht haben. Anfang der 1990er Jahre trat der Geschäftsführer des Nahrungsmittel- und Babykostherstellers Hipp in den Werbespots selbst vor die Kamera und lieferte vielen jungen Müttern höchstpersönlich das stärkste Kaufargument für seine Produkte. Seit nunmehr fünfzig Jahren leitet er das Familienunternehmen und führte es bis an die Spitze der führenden Hersteller für Babynahrung.

Sein ikonischer Werbespruch ist dabei viel mehr als nur Marketing. Claus Hipp steht beruflich wie privat für Nachhaltigkeit. Er ist Mitglied der Naturallianz, die sich für den Erhalt der biologischen Vielfalt einsetzt, Schirmherr der Münchner Tafel e. V. und Ehrenpräsident der Industrie- und Handelskammer für München und Oberbayern sowie der Deutsch-Russischen Außenhandelskammer in Moskau. Für sein Engagement und sein Lebenswerk erhielt Claus Hipp mehrere Auszeichnungen, beispielsweise den Ehrenpreis der Querdenker-Awards in der Kategorie Lebenswerk oder das Verdienstkreuz 1. Klasse des Verdienstordens der Bundesrepublik Deutschland für seinen Einsatz für die Umwelt.

Mit fast achtzig Jahren leitet Claus Hipp den Generationswechsel an der Unternehmensspitze ein. Seit 2017 ist es daher nicht mehr er selbst, der in der Werbung auftaucht, sondern sein Sohn Stefan. Der prägnante Satz ist allerdings geblieben.

Herr Hipp, wie kam es dazu, dass Sie Anfang der 1990er Jahre als Geschäftsführer selbst vor die Kamera traten und diesen Satz prägten?

Das war damals der Vorschlag unserer Werbeagentur. Anfangs hatte ich etwas gezögert, aber dann war ich doch überzeugt. Die Personifizierung als Unternehmer hat sicher Vorteile, da der Verbraucher weiß, wer hinter den Produkten steht und für die Qualität bürgt. Gerade bei einem sensiblen Produkt wie Babynahrung wollen die Menschen wissen, wer dafür die Verantwortung trägt.

Sie sind dadurch selbst zur Marke geworden. Wie würden Sie diesen Schritt rückblickend bewerten?

Diese Entscheidung habe ich damals getroffen, weil ich glaubte, dass es der richtige Weg für das Unternehmen ist. Wäre ich dann wie ein Rowdy Auto gefahren, hätte das der Firma und der Marke geschadet. Die Bekanntheit ist auch eine Verantwortung, die ich gerne trage und sehr ernst nehme.

Welche Werte sind für Sie unerlässlich, damit Sie hinter etwas stehen können?

Das sind die Werte des ehrbaren Kaufmanns wie Anstand, Ehrlichkeit, Vertrauen, Verantwortungsbewusstsein.

Welchen Stellenwert schreiben Sie Werten bei der Entwicklung einer eigenen Persönlichkeitsmarke zu?

Durchaus einen hohen. Ruht die Person auf einem festen Wertegerüst, kann sie sicher glaubhaft und überzeugend agieren.

Nachhaltigkeit steht gerade bei der jungen Zielgruppe ganz oben auf der Liste. Wie schaffe ich es als Persönlichkeitsmarke, diesen Begriff mit Leben zu füllen?

Verantwortungsvolles und nachhaltiges Handeln hat stets das Interesse der kommenden Generationen im Auge. Daher sind wir angehalten, unser Denken und Handeln langfristig auszurichten und auf anständige Weise zu wirtschaften. Hierzu passt das Beispiel meines Großvaters, der die Bäume in seinem Wald für seine Enkel gepflanzt hat. Er selbst hatte nur Arbeit damit, er hat das nicht für sich gemacht. Wer so denkt und lebt, übernimmt Verantwortung für andere Menschen, für kommende Generationen. Das ist es, was wir heute unbedingt brauchen.

Wie können Topmanager Werte innerhalb ihres Unternehmens glaubwürdig vermitteln und vorleben?

Mitarbeiter sind sehr feinfühlig für ein fehlendes oder vorgetäuschtes Wertebewusstsein der Führungsriege. Es geht also nur über Ehrlichkeit und Anstand. Alles andere wird langfristig keinen Erfolg haben.

Das ist das BRAND-BUILDING-MODELL© mit den acht wichtigsten Tools für erfolgreiche Marken & Menschen. In jedem der acht Tools sind 1 bis 10 Punkte zu vergeben, wobei 1 »sehr schwach« und 10 »sehr stark« entspricht. Wie schätzen Sie Ihre Fähigkeiten als Unternehmer in den einzelnen Bereichen ein?

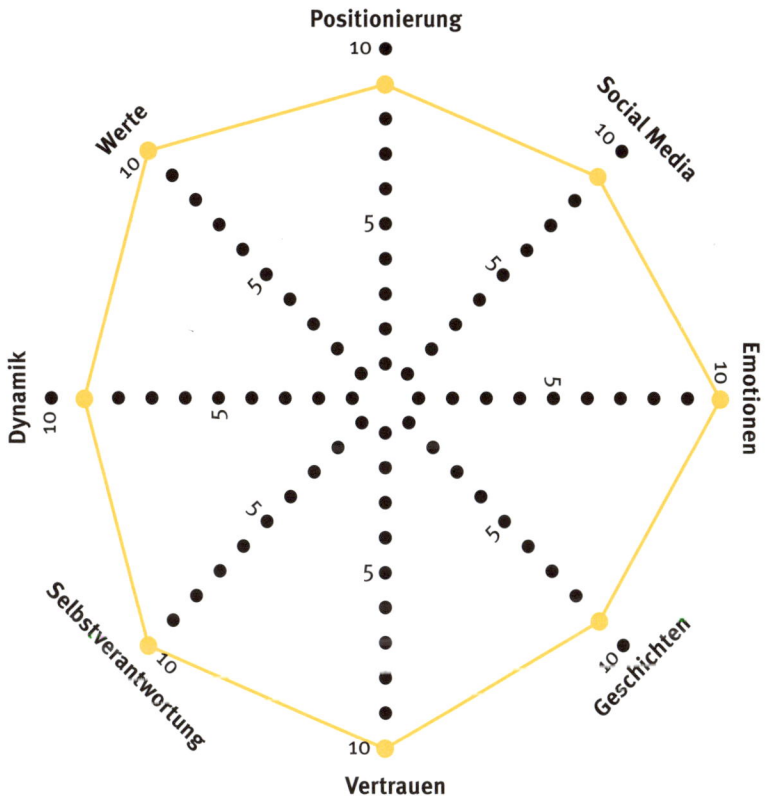

Brand-Building-Modell Claus Hipp

Bitte vervollständigen Sie folgenden Satz: Werte ideal zu verkörpern und weiterzutragen bedeutet für mich …

… das Wichtigste, das wir für die kommende Generation tun können.

2.
Emotionen:

Wissen ist gut, Gefühle sind besser

Lange dachte ich, dass es zwei Sorten von Rentnern gibt: die, die den Cruise-Modus einlegen, sich der Hektik des Berufslebens komplett entziehen, und die, die nicht wirklich aufhören können, die statt der Oper immer noch lieber das Fitnessstudio besuchen. Seitdem ich Titus Dittmann kenne, weiß ich aber, dass es eine dritte Art von Rentnern gibt: die, die niemals in Rente gehen werden. Die Nimmermüden. Die, bei denen »das Herz immer brennt«, wie er selbst sagt. Wer mit fast 70 Jahren im 500-PS-Supersportwagen sitzt, seine Runden beim 24-Stunden-Rennen am Nürburgring dreht, mit 180 Kilometern pro Stunde in die Leitplanken kracht und anschließend von einer leichten Rippenprellung spricht, ist entweder verrückt oder ein wahnsinniger Glückspilz.

Im Falle von Titus weiß ich, dass beides zutrifft. Kennen gelernt habe ich den »Vater der deutschen Skateboard-Szene« vor über zehn Jahren – wie es sich für diesen Extrem-Menschen gehört – nicht in irgendeinem Konferenzraum, sondern bei einem ganz besonderen Vorbereitungs-Camp. Gemeinsam mit den öffentlich-rechtlichen Sendeanstalten organisierte ich die erste Live-Übertragung eines Kilimandscharo-Anstiegs in Tansania. Dass Titus dabei sein musste, war mir von Anfang an klar. Wer Titus länger kennt, weiß, wie sehr ihn solche Herausforderungen kitzeln. Titus' Liebe für das Extreme zieht sich durch sein ganzes Leben. Er brachte das Skateboard in den späten 1970er Jahren nach Europa und machte aus seinem kleinen Kellerladen Titus Rollsport in Münster den weltweit führenden Einzelhandel im Bereich Skateboards und Streetwear. Und Titus selbst? Der lässt lieber andere über seine Erfolge sprechen. Er springt lieber aus Flugzeugen, macht Skateboardtricks auf Berggipfeln oder eröffnet mit seiner Stiftung Skate-Aid Skateparks auf der ganzen Welt. Ja, das mag verrückt sein. Aber es ist genau diese Liebe zum Extremen, die ihn zu einem der erfolgreichsten Unternehmer unserer Zeit und zu einer großen Inspiration macht. Titus führt sein Unternehmen nicht nur – er lebt es 24 Stunden am Tag. In der Riege der Konzernchefs, Unternehmer und CEOs ist Titus ein einleuchtendes Beispiel dafür, dass es nicht auf den Anzug, sondern auf deine Leidenschaft ankommt. Titus liebt das Skaten, er liebt den Kick und es ist eine Herzensangelegenheit für ihn, sich für benachteiligte Kinder auf der ganzen Welt einzusetzen.

Genau das macht ihn so erfolgreich und authentisch. Titus ist nicht nur selbst emotional, er begeistert mit seiner empathischen und begeisterungsfähigen Art auch andere.

Die Mär von der Rationalität

Der erste Kuss, das entscheidende Tor der Lieblingsmannschaft in der letzten Minute der Nachspielzeit oder die erste Trennung – was haben alle diese Momente gemeinsam? Richtig, sie haben sich in unser Gedächtnis eingebrannt. Es sind genau diese Momente, die unser Leben prägen und von denen wir noch unseren Enkelkindern erzählen werden. Emotionen definieren unser Leben und machen es lebenswert. Dabei genießen sie bedauerlicherweise immer noch einen zweifelhaften Ruf. »Du bist aber emotional« – das klingt wie der Vorwurf, man würde sein Gehirn nicht einschalten. Welch eine Selbstüberschätzung! Wann warst du das letzte Mal emotional? Letzte Woche, vor ein paar Monaten? Nein. Jeden Tag. Bei der Arbeit, im Straßenverkehr, vor dem Kühlregal. Es sind Emotionen, die unser Handeln stark beeinflussen – mit weitreichenden Folgen.

Der Nobelpreisträger Daniel Kahneman beschreibt in seinem Buch *Schnelles Denken, langsames Denken* zwei Arten des Denkens:[15] Das schnelle, instinktive und emotionale System 1 und das langsamere, Dinge durchdenkende und logischere System 2. Das System 1 ist dabei unser Alltagssystem und funktioniert wie ein Autopilot. Es nutzt Heuristiken, also Faustregeln, Stereotypisierungen, und läuft unbewusst, absichtslos, unwillkürlich und mühelos ab – aus gutem Grund. Die Natur hätte uns Menschen und andere Säugetiere nicht mit Emotionen ausgestattet, wenn diese evolutionsbedingt nutzlos wären. Aus biologischer Sicht sind Gefühle nichts anderes als das (über)lebenswichtige Bindeglied zwischen der Wahrnehmung und einer darauf ausgerichteten Handlung.

Hierzu ein simples Szenario: Stell dir vor, du stehst auf einer Straße und ein Auto kommt ungebremst auf dich zu. Mit dem analytischen System 2 könntest du jetzt vermutlich den Zeitpunkt des Zusammenpralls aus Entfernung und Geschwindigkeit berechnen, doch bis du zur Lösung kommst, wäre es vermutlich zu spät. Erst die Angst vor Verletzung und

Tod in System 1 fungiert als treibende Kraft und Motivation, die Straße so schnell wie möglich zu verlassen. Ohne dieses emotionale Denken wärst du also aufgeschmissen! Das Problem: So nützlich und komfortabel das System 1 – unser Autopilot – im Alltag auch ist, es bleibt enorm fehleranfällig. Eine einfache Aufgabe:

AUFGABE:

→ Ein Schläger und ein Ball kosten 1,10 Euro.
→ Der Schläger kostet einen Euro mehr als der Ball.

Wie viel kostet der Ball?

Wenn du auf zehn Cent tippst, liegst du zwar falsch, bist allerdings nicht alleine – 80 Prozent aller Befragten geben diesen Betrag an, fand Kahneman in einem Experiment heraus. Lediglich 20 Prozent der Menschen nutzen direkt das System 2, ihr analytisches Denken, und kommen relativ schnell auf die Lösung, dass der Ball 5 Cent kosten muss.

Kurzum: Trenn dich von dem Gedanken des denkenden Rationalisten, vom Homo oeconomicus. Wir sind schlicht zu faul, um alles bis in das letzte Detail zu durchdenken. Der Haupttreiber unserer Handlungen und Kaufentscheidungen sind unsere Emotionen. Wir laufen per Autopilot, weil Denken anstrengend ist.

Stell dir vor, du müsstest jede deiner Entscheidungen durchdenken – allein ein Gang in den Supermarkt wäre eine Qual: Welcher Apfel hat die exakt passende Größe für meinen Appetit? Sind in jeder Mehlpackung auch wirklich 500 Gramm enthalten oder gibt es Abweichungen? Welcher Wein hat das absolut beste Preis-Leistungs-Verhältnis?

Coca-Cola – Siegerin der Herzen

Wir lassen uns also – auch wenn wir es nicht gerne zugeben – häufig von unseren Gefühlen leiten. Und es gibt einige Marken, die es perfektioniert haben, bestimmte Emotionen bei ihren Konsumenten auszulösen. Zwei Marken möchte ich dabei besonders herausstellen. Die erste ist eine Unternehmensmarke, deren Schriftzug ich nicht umsonst als Vorbild für die Gestaltung der Cover meiner beiden Bücher gewählt habe. Die zweite ist eine Persönlichkeitsmarke, die vor allem eines macht: polarisieren. Und an einem Punkt kreuzen sich sogar deren Wege.

Zwölf Dosen Coca-Cola light soll US-Präsident Donald Trump am Tag trinken. Seine Begeisterung für das süße Erfrischungsgetränk soll sogar so weit gehen, dass der mächtigste Mann der Welt einen speziellen roten Knopf im Oval Office an seinem Schreibtisch befestigt hat, den er immer dann drückt, wenn er wieder Durst bekommt.[16] Limonade per Butler-Service – zweifelsohne ein ungesunder Luxus. Doch der Präsident will nicht ohne seine Cola und das trotz zahlreicher Streitigkeiten mit dem Konzern. »Die Coca Cola Company ist nicht glücklich mit mir – das ist okay, ich werde diesen Müll auch weiterhin trinken«, twitterte er bereits im Jahr 2012.[17]

Coca-Cola und Trump – das ist wie eine exzessive Hassliebe zweier Parteien, die mehr Gemeinsamkeiten haben, als sie zugeben wollen. Denn sowohl Coca-Cola als auch Donald Trump verdanken ihren Erfolg einer tiefen emotionalen Bindung mit ihrer Zielgruppe. Sie sind Experten der Gefühle; der Inhalt rückt dabei in den Hintergrund.

Der sicherlich eindrucksvollste Beweis ist der sogenannte Pepsi-Test.[18] Hierzu lud der Neuroforscher Read Montague 40 Probanden auf einen Drink in sein Labor ein. Die Frage: Was schmeckt besser, Pepsi oder Cola? Bei der Blindverkostung fiel die Wahl der Probanden zum Großteil auf Pepsi. Die Forscher bemerkten eine viel stärkere Reaktion des ventralen Putamens, also der Hirnregion, in der das Belohnungssystem steckt, das uns ein Gefühl der Befriedigung bereitet. Doch sobald Montague den Teilnehmern mitteilte, welches Getränk sie tranken, wählten fast alle Teilnehmer die Coca-Cola als ihren persönlichen Geschmacksfavoriten.

Wie konnte das sein? Die Hirnscans zeigten, dass die ausgewiesenen Coca-Cola-Proben einen weiteren Teil des Gehirns stimulierten: den ventralen präfrontalen Cortex, der für höhere Denk- und Beurteilungsprozesse verantwortlich ist und eng mit der Prägung des Selbstbilds zusammenhängt.

Montagues Fazit: Coca-Cola weckt deutlich positivere Assoziationen und Selbstwertgefühle als Pepsi. Die »Wirkung der starken Marke«, übertünche demnach die eigenen Geschmacksnerven. Das bedeutet: Wer eine Coca-Cola kauft, bekommt mehr als nur ein braunes Erfrischungsgetränk. Er kauft sich damit gleichzeitig ein Lebensgefühl. »Cool«, »frei«, »lässig« – Coca-Cola spielt mit diesen Attributen in jeder Werbung. Da können die Geschmäcker noch so verschieden sein, weil es am Ende egal ist.

Gerade in deutschen Führungsetagen herrscht aber leider noch zu viel »Pepsi-Denken«. Die Wirtschaft brummt, die Stimmung unter den Arbeitnehmern ist aber gedrückt. Seit 2001 führt das Marktforschungsinstitut Gallup eine jährliche Umfrage unter deutschen Arbeitnehmern zu deren Arbeitseinstellung durch – mit bedenklichen Ergebnissen: Nur 15 Prozent der Arbeitnehmer gehen wirklich gerne zur Arbeit, genauso viele haben innerlich bereits gekündigt. [19] Die These der Experten: Die emotionale Bindung zwischen Arbeitnehmer und Unternehmen ist der entscheidende Faktor für langfristigen Erfolg. Und diese Bindung befindet auf einem sehr niedrigen Niveau. Verantwortlich dafür sei das Führungspersonal, sind sich die Forscher sicher und ziehen ein hartes Fazit: Mitarbeiter verlassen nicht die Firma, sondern ihren Chef. Die Studie zeigt, dass Arbeitnehmer mit geringer emotionaler Bindung häufiger fehlen, das Unternehmen im Bekanntenkreis nur ungern oder bewusst schlecht repräsentieren, weniger produktiv sind und sich häufig mit einem Jobwechsel beschäftigen. Darunter leiden langfristig auch die Zahlen und der eigene Ruf als Manager.

Lovemarks – Das Rezept der Liebe

Coca-Cola ist somit das perfekte Beispiel einer »Lovemark«, wie der ehemalige Geschäftsführer von Saatchi & Saatchi, Kevin Roberts, in seinem gleichnamigen Buch schreibt.[20] Damit sind Marken gemeint, die Kunden nicht nur kaufen, sondern lieben. Seine Untersuchungen decken sich dabei mit den Ergebnissen Kahnemans: 80 Prozent unserer Handlungen seien emotional, lediglich 20 Prozent erfolgten aus der Vernunft heraus. Es ist bei der Markenbildung also wie in einer echten Liebesbeziehung, es geht um Liebe, Respekt und Vertrauen. Lovemarks[21] haben genau diese tiefe emotionale Verbindung zu ihrer Zielgruppe (siehe Abbildung).

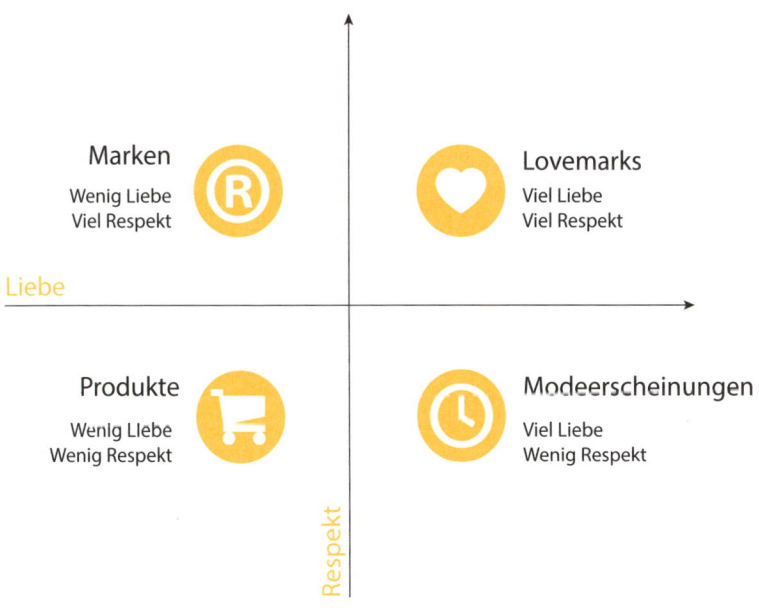

QUELLE. IN ANLEHNUNG AN ROBERTS, KEVIN (2005). LOVEMARKS: THE FUTURE BEYOND BRANDS

Lovemarks

Laut Roberts gibt es drei voneinander abhängige Dimensionen, die solch eine emotionale Verbundenheit auslösen:

1. **Geheimnis:** Menschen lieben Überraschungen, sind neugierig und finden das Unbekannte reizvoll. Diese Schlüsseleigenschaft weckt bei der Zielgruppe Interesse. Die Coca-Cola-Rezeptur gilt nicht umsonst als eines der bestgehüteten Geheimnisse der Welt.

2. **Sinnlichkeit:** Diese Dimension befasst sich mit den menschlichen Sinnen. Durch außergewöhnliche Düfte, Musik und Bilder werden die Sinne gleichzeitig aktiviert, was zu einem unvergesslichen Erlebnis führt. Roter Hintergrund, weißer Schriftzug und das Geräusch, wenn die eisgekühlte Dose geöffnet wird ... Bekommst du schon Durst?

3. **Intimität:** Erzeugt Leidenschaft, Engagement und Empathie für eine Marke, wodurch die Loyalität der Kunden weiter steigt. Das Erlebte bleibt so länger im Kopf verankert. Erinnerst du dich beispielsweise an die Werbeaktion »Trink eine Cola mit ...«, bei der Menschen ihren Freunden eine Dose mit dem jeweilig passenden Namen schenken konnten? Diese Form der Individualisierung ist ein Kerntreiber für Intimität und der Erfolg lässt sich auch real messen: Die Absatzzahlen kletterten während dieser Aktion signifikant nach oben.[22]

Personal Branding – deine Ich-Marke

Das Prinzip einer erfolgreichen und vor allem emotional aufgeladenen Marke lässt sich auch auf Personenmarken übertragen. Erfolgreiche Personal Brands transportieren Gefühle und kommunizieren mit ihrer Zielgruppe auf einer ganz bestimmten Wellenlänge.

Donald Trump zeigt, dass diese Macht der Emotionen ihn sogar in das Weiße Haus befördern kann, obwohl er nicht mal im Ansatz über die nötigen Qualifikationen verfügt. Donald Trump war nie Politiker, sondern Immobilienmogul und Entertainer, der sich selbst für einige Gastauftritte beim Wrestling nicht zu schade war. Er war also hinsichtlich seiner politischen Erfahrung, seiner Inhalte und seiner Qualifikationen nicht im Ansatz konkurrenzfähig und hätte bereits bei den Vorwahlen scheitern müssen. Ist er aber nicht. Was ist passiert?

Trump war bereits vor der Wahl eine Personenmarke. Im Wahlkampf nutzte er seine enorme Medienpräsenz und die auf ihn gerichtete Aufmerksamkeit, um diese weiter zu optimieren und mit Gefühlen aufzuladen, nach denen sich viele Menschen in der heutigen Zeit sehnen: Sicherheit und Stärke. In einer immer komplexeren und schnelleren Welt, die immer schwerer zu verstehen ist, stellte er sich als Mann der Rettung dar. Jemand, der wieder Klarheit schaffen würde. Jemand, der die gute alte Zeit wieder aufleben ließ. Einer, der Amerika eben wieder groß machen würde.

Gleichzeitig sorgte er dafür, dass seine Konkurrentin Hillary Clinton eben nicht mehr für ihre Qualifikation und Erfahrung stand, sondern aus Sicht der Öffentlichkeit plötzlich Werte repräsentierte, die alles andere als vorteilhaft sind. In keinem der drei TV-Duelle vor der Wahl ging es ernsthaft um politische Inhalte. Trump brachte die Debatte immer wieder auf eine emotionale, persönliche Ebene. Es ging um Clintons E-Mail-Affäre, um ihre fragwürdigen und sehr gut bezahlten Gastvorträge bei Großbanken, sogar die Lewinsky-Affäre von Bill Clinton wurde thematisiert.

Das ist eines Präsidenten vielleicht unwürdig, aber erinnern wir uns noch einmal an Kahnemans System 1 und System 2: Trump war und ist immer noch das schnelle, emotionale, fehlerbehaftete und stereotypisierende System 1. Clinton war das langsame, logische und analytische System 2, welches eben anstrengend und zermürbend ist. »Krieg dem IS«, »China ist böse« und »America first« waren schlichtweg attraktiver. So sehr man die politische Einstellung Trumps kritisieren kann, Hillary konnte auf diesem Gebiet nicht mehr siegen, denn das Spiel mit Emotionen ist Trump-Territorium. Er war für viele Amerikaner im Wahlkampf – so abwegig das klingen mag – eine Lovemark:

- **Geheimnis:** Der vermeintliche Nachteil hat sich für Trump im Endeffekt als vielleicht größter Pluspunkt herausgestellt. Er hatte keine Erfahrung, war ein Neuling und gilt bis heute als unberechenbar. Das mag in diesem Fall katastrophale Auswirkungen haben, doch genau dadurch war er für viele auch die Figur des Neuanfangs. Was er im Detail wollte, war lange Zeit nicht klar. Sicher war nur, dass er alles anders machen würde.

- **Sinnlichkeit:** Das Scheinwerferlicht gilt als Trumps bester Freund. Seine ganze Erscheinung ist darauf ausgelegt, aufzufallen. Er spricht laut, hat eine markante Betonung, prägt bestimmte Wörter. Selbst seine Frisur und sein orangefarbener Teint bleiben im Gedächtnis.

- **Intimität:** Laut Roberts ist Humor eine Schlüsseleigenschaft, um Empathie zu erzeugen. Für viele war Trump lange Zeit ein Clown, sie fanden ihn lustig. Unvergessen seine Aussage, er würde Clinton ins Gefängnis stecken, wenn er die Wahl gewänne. Nicht nur, dass diese Aussage für grölendes Gelächter sorgte, Trump positionierte sich durch solche vermeintlich unbedachten, aber markanten Sprüche immer wieder als Mann des Volkes. Als jemand Greifbares, mit dem sich viele Menschen besser identifizieren konnten als mit Clinton und dem Establishment.

Zugegeben, Trump wird von vielen Menschen alles andere als geliebt. Er ist längst nicht für jeden eine Lovemark, sondern in weiten Teilen Amerikas (und der Welt) eher das Gegenteil. Auf den ersten Blick ist das nicht gerade das Image, das man haben möchte, und auch kein Best-Practice-Beispiel für dich. Auf dem zweiten Blick wird jedoch klar, dass Liebe und Hass eine wichtige Gemeinsamkeit haben: Sie lösen etwas in uns aus. Sie sind alles – außer langweilig.

Sei »merk-würdig« – du bist mehr als deine Fähigkeiten

In der Emotionstheorie des amerikanischen Psychologen Robert Plutschik ist von Primäremotionen die Rede, also Emotionen, die jeder von uns hat, weil sie sich in der Menschheitsentwicklung als nützlich, teilweise als überlebenswichtig herausgestellt haben. Dementsprechend stark sind diese Gefühle. Insgesamt zählt der Wissenschaftler acht solcher Primäremotionen: *Furcht, Ärger, Freude, Traurigkeit, Vertrauen, Ekel, Erwartung* und *Überraschung*.

AUFGABE:

Im folgenden Selbsttest kannst du herausfinden, wieso Donald Trump auch für dich so »merk-würdig« ist: Was fühlst du, wenn du die beiden Porträts siehst? Bewerte jede Primäremotion mit einer Punktzahl zwischen 1 »Dieses Gefühl habe ich gar nicht« und 10 »Dieses Bild ruft dieses Gefühl sehr stark bei mir hervor«. Verbinde anschließend alle deine Punkte zu einem Netz – bewerte jedes Bild einzeln und nutze zwei verschiedene Farben.

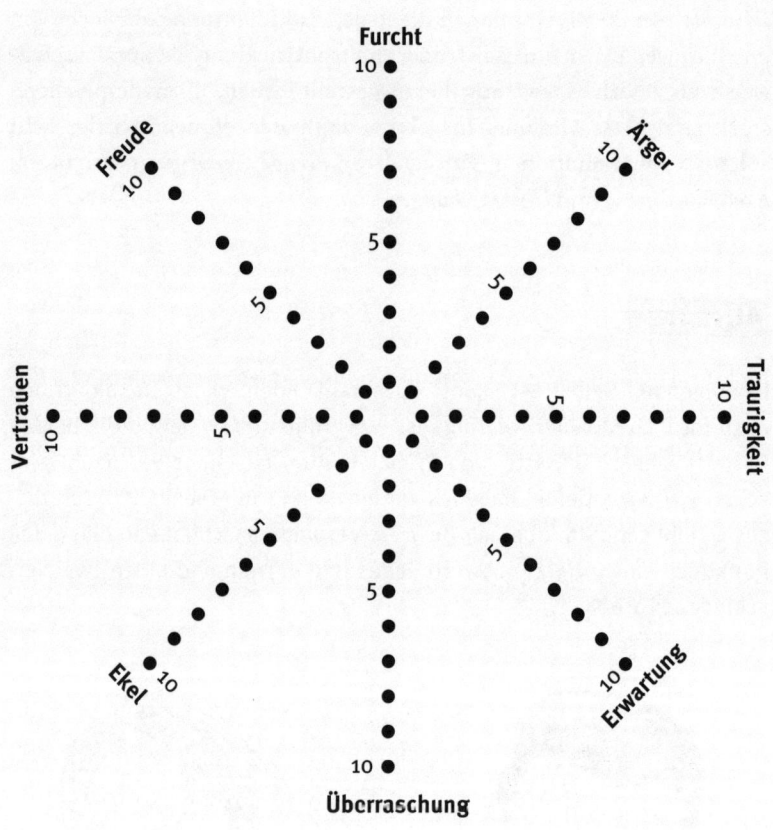

Brand-Building-Modell© Trump/Hillary

Was fällt dir auf? Welches Netz hat größere Ausreißer nach oben und unten? Mit Sicherheit das von Trump. Furcht, Ärger und Trauer erreichen vermutlich bei vielen Trump-Gegnern ziemlich hohe Punktzahlen. Bei glühenden Trump-Anhängern schlägt das Pendel wohl eher in das komplette Gegenteil aus. Der Überraschungsfaktor ist sicherlich bei allen hoch. Einfach ausgedrückt: Trump polarisiert. Clinton wirkt dagegen wie eine graue Maus. Punktzahlen zwischen zwei und vier sind vielleicht solide und sprechen für einen Allrounder, aber genau das ist das Problem. Es ist langweilig, weniger authentisch, nicht wirklich zu greifen. Das Mittelmaß ist der Friedhof für gescheiterte Marken.

Erfolgreiche Persönlichkeitsmarken lösen immer etwas in ihrer Zielgruppe aus. Im besten Fall sind es natürlich Gefühle wie Freude, Vertrauen und Überraschung, doch das Gefühlsspektrum hat viel mehr zu bieten. Wir-Marken spielen mit diesen Emotionen, sie kombinieren diese gezielt. Es gibt dabei keinen Königsweg, denn jede Zielgruppe will auf eine andere Art und Weise berührt werden. Verabschiede dich in erster Linie also von »guten« und »schlechten« Gefühlen. Nichts auf der Welt läuft immer glatt, Sonnenschein und Regen wechseln sich ab. Das Leben als Achterbahn der Gefühle ist deshalb so spannend, weil es mal nach unten und mal nach oben geht.

https://m-vg.de/link/einzigartig_01
Edeka-Werbespot #heimkommen – ausgezeichnet mit dem Webvideopreis Deutschland 2016

Der ausgezeichnete Edeka-Werbespot aus dem Jahr 2015 wurde auf Youtube fast 60 Millionen Mal geklickt. Die Macher des Clips thematisierten in der Weihnachtszeit – wenig typisch – den Tod. Das Tabuthema schlechthin. Aus alter Lehrbuchsicht ein absolutes No-Go, aber die ergreifende Kombination der Primäremotionen Trauer, Überraschung und Freude wurde zu einem viralen Hit.

https://m-vg.de/link/einzigartig_02
Video von Dr. Sandra Lee (aka Dr. Pimple Popper) – über 27 Millionen Aufrufe

Und selbst das wirklich unschöne Gefühl von Ekel kann zum Erfolg führen: Dr. Sandra Lee ist eigentlich eine gewöhnliche Hautärztin, auf den sozialen Medien präsentiert sie sich allerdings als professionelle – Achtung! – Pickel-Ausdrückerin. Über drei Millionen Fans auf Youtube und über 2,5 Millionen Menschen auf Instagram schauen Dr. Pimple Popper, wie die äußerst attraktive US-Amerikanerin sich selbst nennt, dabei zu, wie sie ihren Patienten Mitesser und Eiterpickel ausquetscht oder sie von Zysten befreit. Das Ergebnis sind Videos, die einem zwar den Appetit verderben, aber trotzdem auf eine ganz bestimmte Art faszinieren. Es ist eine extreme Mischung aus Ekel und Erwartung, denn unter jedem Pickel wartet das Unbekannte, wie bei einem Weihnachtskalender. Und damit auch jeder ihrer Fans von zu Hause etwas für die eigene Haut tun kann, vertreibt die bekannteste Hautärztin der Welt mittlerweile eigene Pflegeprodukte.

Miteinander zur erfolgreichen Marke

»Menschen werden vergessen, was du gesagt hast. Menschen werden vergessen, was du getan hast. Aber Menschen werden niemals vergessen, welches Gefühl du ihnen vermittelt hast«, sagte die amerikanische Bürgerrechtlerin Maya Angelou einst. Nie war dieser Satz aktueller: Wir sind einer wahren Informationsflut ausgesetzt. Aus ARD und ZDF ist Netflix geworden, aus dem Tante-Emma-Laden wurden erst Supermärkte und dann Amazon. Statt der Tageszeitung flattern uns die Nachrichten über Twitter und Facebook um die Ohren – 24 Stunden, 7 Tage die Woche. Ein Wunsch, Hunderte Optionen.

Wenn du bei deiner Zielgruppe die erste Wahl sein willst, musst du mehr bieten als gute Arbeit – die machen mittlerweile viele. Beispiele wie das von Dr. Lee zeigen: Deine Unique Selling Proposition, also dein Alleinstellungsmerkmal, wird zur Emotional Selling Proposition, also dem emotionalen Mehrwert, den du geben kannst. Trenn dich deshalb von dem Schema »Ich Marke, du Kunde«. Du bist das, was deine Zielgruppe in dir sieht. Deshalb ist es als erfolgreiche Persönlichkeitsmarke unverzichtbar, erst einmal zuzuhören und dann zu reagieren. Es ist wie ein Spaziergang durch die Köpfe deiner Mitmenschen. Was bewegt sie? Wovon träumen sie? Erfolgreiche Marken agieren auf Augenhöhe mit ihrer Zielgruppe, sind näher an ihr dran, arbeiten nicht ausschließlich für sie, sondern auch mit ihr. Das geht mittlerweile meilenweit über die Grenzen von Marktforschung und Kundenbefragung hinaus.

AUFGABE:

Nun bist du an der Reihe – was fühlen Menschen, wenn sie dich sehen?
Frage zwei Menschen aus deinem Umfeld, dich anhand der Primäremotion mit einer Punktzahl zwischen 1 »Dieses Gefühl habe ich gar nicht« und
10 »Dieses Bild ruft dieses Gefühl sehr stark bei mir hervor« zu bewerten.

Verwende hierzu zwei verschiedene Farben.

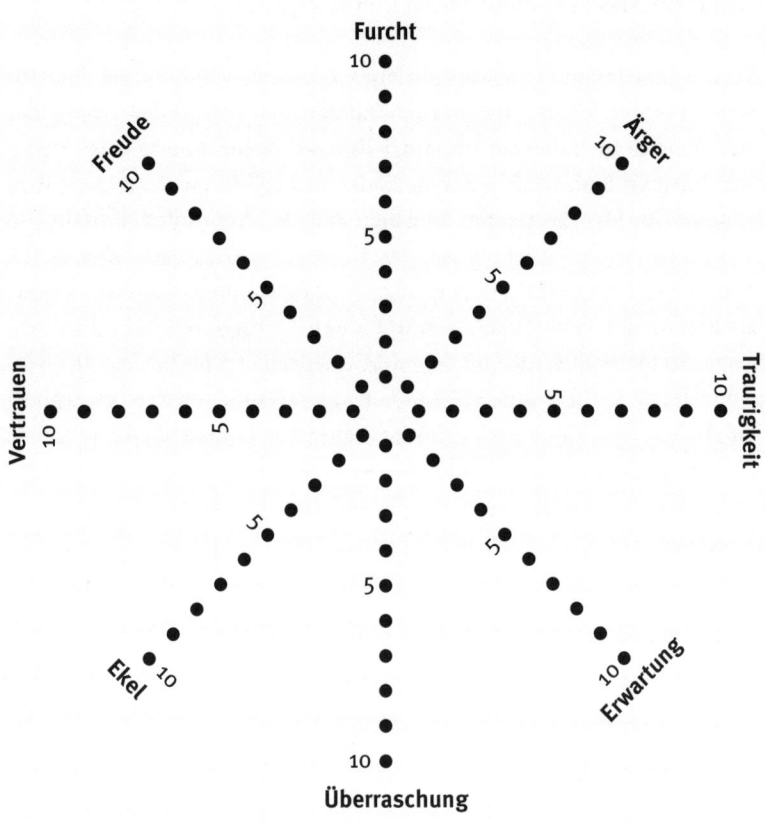

Nicht meine, sondern unsere Marke

Eine eher neue und sehr effektive Methode, um eine tiefe Verbindung zur Zielgruppe herzustellen, ist der sogenannte User Generated Content (UGC), also Inhalte, die nicht vom Anbieter selbst, sondern von den Nutzern erstellt werden. Das funktioniert auf Konzernebene, aber auch im Kleinen, bei dir selbst. Viele Silicon-Valley-Firmen haben sogar ihr ganzes Geschäftsmodell auf UGC aufgebaut: Youtube produziert beispielsweise keine eigenen Videos, Facebook schreibt keine eigenen Beiträge und Airbnb besitzt nicht ein einziges Ferienhaus. Trotzdem – oder gerade deshalb – sind diese Firmen so erfolgreich.

Soziale Plattformen sind der perfekte Spielraum für Marken, um UGC zu nutzen. Ein Meister dieses Fachs ist der Energydrink-Hersteller Redbull. Bereits im Jahr 2014 rief der Konzern seine Konsumenten dazu auf, kreative Bilder mit einer Redbull-Dose auf ihren Twitter- und Instagram-Profilen zu posten und mit dem Hashtag #PutACanOnIt zu versehen – ein Welterfolg. Binnen weniger Monate verbreiteten sich Tausende solcher Bilder in den sozialen Netzwerken, ohne dass Redbull auch nur einen Cent dafür ausgeben musste.[23] Aber nicht nur die Reichweite, sondern auch die Qualität solcher Inhalte ist für Wir-Marken von entscheidender Bedeutung. Eine Umfrage unter knapp 1000 Millennials ergab, dass User Generated Content 35 Prozent einprägsamer ist und 50 Prozent glaubwürdiger.[24] Ist doch einleuchtend: Wem würdest du mehr vertrauen – dem Werbeslogan einer Firma oder dem Urteil deines besten Freundes?

Fazit: Emotionen

→ Wer die Aufmerksamkeit und das Wohlwollen seiner Mitmenschen gewinnen will, muss sie emotional berühren. Für erfolgreiche Persönlichkeitsmarken ist die Auslösung positiver Emotionen deshalb ein zentrales Instrument.

→ In unserem Alltag laufen wir im Autopilot. Das bedeutet, dass wir den Großteil unserer Entscheidungen auf emotionaler statt auf rationaler Basis treffen.

→ Nicht zuletzt der Pepsi-Test zeigt, dass Marken, die bei ihren Kunden positive Gefühle auslösen, weitaus erfolgreicher sind.

→ Marken, die Geheimnis, Intimität und Sinnlichkeit ausstrahlen, gelten als Lovemarks. Sie haben eine ganz besonders starke Verbindung zu ihrer Zielgruppe.

→ Das Beispiel Donald Trump zeigt, dass es beim Personal Branding keine »schlechten Gefühle« gibt. Erfolgreiche Marken lösen immer etwas in ihrer Zielgruppe aus – das können auch Gefühle wie Trauer oder sogar Ekel sein.

→ Erfolgreiche Persönlichkeitsmarken nutzen das gesamte Gefühlsspektrum und spielen damit. Hauptsache, nicht langweilig.

→ Wer erfolgreich sein will, muss sich auf seine Zielgruppe einlassen, in ihre Lebenswelt eintauchen und daraus Schlüsse ziehen.

→ Kunden tendieren zu Marken, die sie ernst nehmen und einen emotionalen Mehrwert bieten. Die USP wird zur ESP, zur Emotional Selling Proposition.

→ User Generated Content ist eine attraktive Methode, um Kunden an die eigene Marke emotional zu binden.

Interview mit Carsten Cramer,
Direktor Vertrieb und Marketing beim BVB,
zum Thema Emotionen

Seit Ende 2010 ist Carsten Cramer Direktor für die Bereiche Vertrieb, Marketing und Digitalisierung beim achtmaligen Deutschen Fußballmeister Borussia Dortmund. Seit März 2018 ist er aufgrund »der enorm positiven Entwicklung im Bereich Marketing & Vertrieb«[25] obendrein Teil der Geschäftsführung. Der gebürtige Münsteraner gilt als ein enger Vertrauter des Vorsitzenden der Geschäftsführung Hans-Joachim Watzke und moderiert den spannenden Spagat eines Kultvereins zwischen »echter Liebe« und absurd steigenden Ablösesummen.

Herr Cramer, Sie leiten das Marketing eines absoluten Traditionsvereins, der in ganz Europa für seine Fankultur bekannt ist. Vor diesem Hintergrund: Welche Rolle spielen Emotionen für den Erfolg der Marke BVB?

Ich glaube, dass Emotionen für eine erfolgreiche Marke grundsätzlich von ganz großer fundamentaler Bedeutung sind, weil gerade die Loyalität zur Marke von der Intensität der emotionalen Bindung abhängt. Als BVB haben wir natürlich den Vorteil, dass unser Kerngeschäft der Fußball ist. Ich würde sogar so weit gehen und sagen, dass wir mit Emotionen »handeln«. Emotionslosen Fußball in Zusammenhang mit dem BVB wird es nämlich niemals geben. Die Ausprägung der Emotionen ist hier in Dortmund unvergleichbar. Und genau diese Intensität sehe ich als unseren USP.

»Echte Liebe« lautet der vielsagende Slogan Ihres Vereins. Wie versuchen Sie diese Liebe der Fans zu wecken? Schließlich sind Gefühle schwer rational berechenbar, oder?

Schon alleine das »Produkt« ist nicht rational zu definieren, sonst würde es sich auch nicht erklären lassen, warum man als Fan bei Vereinen mitfiebert, die nicht durchgehend erfolgreich sind. Deshalb ist »Echte

Liebe« auch kein Slogan, sondern unser Versprechen an die Fans, dass wir uns ihrer emotionalen Bindung bewusst sind. Umgekehrt bringt er aber auch die Erwartungshaltung unserer Fans zum Ausdruck, dass sie von uns diese Leidenschaft und Emotionalität erwarten. Das führt dann – Gott sei Dank – nicht dazu, dass wir zwangsläufig immer erfolgreich sein müssen. Unsere Fans haben ein sehr feines Gespür entwickelt. Eine Entfremdung wird es aufgrund eines verlorenen Spiels nicht geben, solange unsere Fans die Leidenschaft bei unseren Spielern nicht vermissen. Das Markenversprechen »Echte Liebe« ist somit Ausdruck dieser besonderen Verbindung.

Ihr Geschäftsführer Hans-Joachim Watzke erntete einst heftige Kritik für den Satz, man müsse den Spagat zwischen dem Borsigplatz und Shanghai machen. Wie bewerten Sie die Gefahr für Marken, durch Expansion ein Teil der emotionalen Verbindung zum Menschen zu verlieren?

Allein dass dieser Satz so kontrovers diskutiert wurde, zeigt, wie besonders diese emotionale Bindung hier in Dortmund ist. An einigen Stellen sorgt diese Emotionalität dann auch dafür, dass eine klassische Wachstumsstrategie eingeschränkt oder verlangsamt wird. Unsere Fans setzen an bestimmten Punkten Grenzen, die wir zu akzeptieren haben. Es wäre aber fatal, sich über diese Grenzen zu beklagen, weil sie diesen Verein im Gegenzug auch so attraktiv und einzigartig machen. Emotionen sind Teil unserer DNA. Deshalb müssen wir bei unserer Markendehnung andere Wege finden. Mit Blick auf die Internationalisierung wählen wir deshalb nicht x-beliebige Expansionsstrategien, sondern nur solche, die den Fußballverein Borussia Dortmund in neue Welten führen. Dabei ist es weitaus schwieriger, Emotionen zu vermitteln als sportlichen Erfolg. Es lässt sich natürlich leichter expandieren, wenn man sagen kann, dass man drei Mal in Folge die Champions League gewonnen hat.

Weg vom Verein, hin zu den Spielern, die selbst zu immer größeren Marken werden. Wie bewerten Sie die Rolle der Spieler als Markenbotschafter?

Die Spieler sind enorm wichtig, weil sie die wichtigsten Protagonisten sind. Am Ende steht aber immer der Verein über allem. Daher möchte ich betonen, dass ein Wechsel eines Spielers nicht unbedingt im Widerspruch zur »echten Liebe« stehen muss. Zu glauben, dass ein Spieler bis ans Ende seiner Tage für einen Verein spielt, ist ein Traum, der nur selten in Erfüllung geht. Viel wichtiger ist aber, dass jeder Spieler, der sich auf den BVB einlässt, das auch vom ersten bis zum letzten Tag seines Vertrags mit Leib und Seele tut. Deshalb haben uns auch die Diskussionen um Ousmane Dembele und Pierre-Emerick Aubemeyang wehgetan – und vielleicht dazu geführt, dass wir uns in den Augen einzelner Menschen in Widersprüche verwickelt haben.

Sind echte Gesichter somit der Schlüssel beim emotionalen Marketing des BVB?

Gesichter helfen natürlich ungemein. Trotzdem machen wir uns von einzelnen Gesichtern nicht abhängig. Jürgen Klopp ist dabei ein Sonderfall, der unsere Entwicklung als Verein enorm beschleunigt hat. Für mich ist es wichtig, dass die Handlungen und Außendarstellung der Spieler nicht im Widerspruch zu dem stehen, wofür der Verein steht.

Das ist das BRAND-BUILDING-MODELL© mit den acht wichtigsten Tools für erfolgreiche Marken & Menschen. In jedem der acht Tools sind 1 bis 10 Punkte zu vergeben, wobei 1 »sehr schwach« und 10 »sehr stark« entspricht. Wie schätzen Sie die Fähigkeiten des BVB als Marke in den einzelnen Bereichen ein?

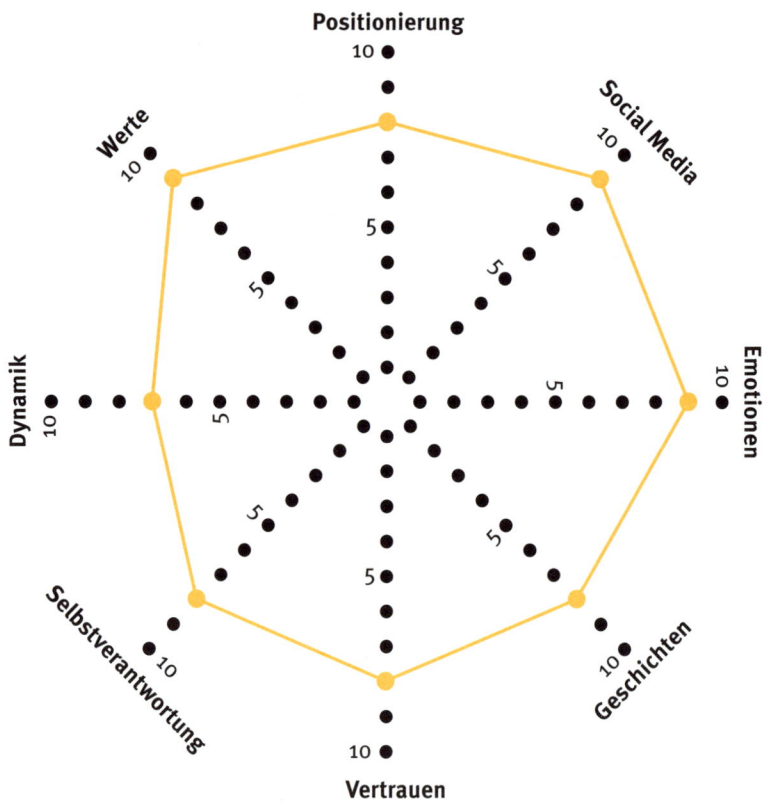

Bitte vervollständigen Sie folgenden Satz: Die perfekte emotionale Bindung zwischen Marke und Zielgruppe bedeutet für mich ...
... größtmögliche Loyalität in schwierigen Zeiten.

3.
Selbst-
verantwortung:
Agieren statt reagieren

Seit nunmehr 16 Jahren habe ich das große Privileg, mein eigener Chef zu sein. Noch immer empfinde ich meine Selbstständigkeit als Markencoach als großen Luxus und habe meine Entscheidung nie bereut, wenngleich sie mit vielen Risiken behaftet war. Jeder, der einen solchen Schritt in seinem Leben gemacht hat, kennt diese Gefühle und die schlaflosen Nächte. Umso dankbarer bin ich, dass ich auf meinem Weg viele Leute kennenlernen durfte, die mich seither unterstützen und immer wieder inspirieren.

Der vielleicht wichtigste Weggefährte ist dabei mein Freund, Mentor und Geschäftspartner Roland Jeannet, den ich bei meiner ersten professionellen Beratung kennengelernt habe. Roland hat über 35 Jahre globale Marketing- und General Managementerfahrung, hat im Laufe seiner Karriere nahezu jeden Fleck dieser Erde gesehen und war unter anderem Marketingdirektor bei P&G International und Managing Director bei Johnson & Johnson. Mittlerweile ist er unabhängiger Coach und betreut zahlreiche Topmanager weltweit. Kurzum: ein echtes Vorbild.

Doch was mich an Roland besonders begeistert, ist etwas anderes, nämlich sein Bewusstsein und seine Achtsamkeit. Er war der erste Mensch, der mir in der Hektik der Marketingwelt ein tieferes Verständnis für meinen Körper und meine Seele gab. Anfangs noch skeptisch, könnte ich heute nicht dankbarer dafür sein. Sei es unser alljährliches Heilfasten, das gemeinsame Meditieren, wenn er mich in München besucht, eine seiner kritischen E-Mails in meinem Postfach, wenn er mit meiner Arbeit nicht hundertprozentig zufrieden ist, oder wieder etwas Neues, mit dem er mich überrascht – ich möchte auf nichts davon verzichten. Es schärft meine Sinne, lässt mich meine eigenen Handlungen besser reflektieren und motiviert mich, neue Dinge auszuprobieren.

Dank Roland weiß ich, dass echte Selbstverantwortung immer das große Ganze einschließt: den Job, die Familie, den seelischen und körperlichen Zustand. Dafür braucht es ein hohes Maß an Selbstreflexion und Kritikfähigkeit. Ich kenne keinen Menschen, der mehr von mir verlangt und mich gleichzeitig so sehr unterstützt. Dabei verzichtet er stets auf die Rolle des Oberlehrers: Es ging bei uns nie um starre Vorgaben, sondern um gegenseitige Inspiration. Wer erfolgreich sein will, der muss seine eigenen Entscheidungen treffen, auch wenn diese hart sind. In diesem Kapitel möchte ich deshalb die Chance ergreifen, einen Teil der unzähligen Learnings, die ich über die Jahre durch Roland erfahren habe, an dich weiterzutragen.

Wissen, woher du kommst und wohin du willst

»Es ist nicht deine Schuld. Du hast dein Bestes gegeben«, »Du hast alles versucht, aber gegen die äußeren Umstände konntest du nichts ausrichten«, »Die Situation war wie verhext, da hattest du keine Chance« – du kennst solche Sätze. Vielleicht hast du diese oder ähnliche Aussagen auch schon selbst von deinen engsten Freunden oder deiner Familie gehört. Streich ab sofort solche Aussagen aus deinem Leben! Sie mögen gut gemeint sein, aber sie helfen dir nicht weiter.

Die bittere Wahrheit ist: Es ist eben doch deine Schuld, dass du deine Fahrprüfung nicht bestanden hast, und nicht die des Wetters oder des vermeintlich unfairen Fahrprüfers. Es ist deine Schuld, dass du dein letztes Tennisspiel verloren hast, und nicht die des Schlägers oder des Schiedsrichters. Es ist in erster Linie deine Schuld, dass dein Unternehmen rote Zahlen schreibt – steigende oder fallende Zinsen sind genauso zu vernachlässigen wie irgendwelche Währungseffekte.

Wir alle haben schon mal die Schuld von uns gewiesen, keine Sorge. In der Sozialpsychologie spricht man vom Self-Serving Bias, zu Deutsch »selbstwertdienliche Verzerrung«, also der Versuch, den Misserfolg durch äußere Faktoren zu erklären und den Triumph den eigenen Fähigkeiten zuzuschreiben. Schon im Kindesalter entwickeln wir eine solche natürliche Abwehrhaltung. Später, im Privat- und Berufsleben, reizen wir dieses Spiel weiter aus, denn wie der Name es schon verrät, stärken wir dadurch unser Selbstwertgefühl. Das Problem: Wer irgendwann denkt, er wäre der Beste, der verpasst die Chancen, besser zu werden. Stillstand ist Rückschritt. Und vermeintliche Perfektion ist alles außer authentisch.

»Irren ist menschlich« lautet ein altes Sprichwort. Erfolgreiche Marken wissen das. Ihr Ziel ist es deshalb nicht, keine Fehler zu machen, sondern besser zu werden – zu jeder Zeit und überall. Dafür braucht es eine große Portion Selbstverantwortung, in guten wie in schlechten Zeiten.

Aber der Reihe nach: Bevor du Verantwortung für dich selbst übernehmen kannst, musst du im ersten Schritt erst einmal definieren, was dich überhaupt auszeichnet. Wenn eine Marke langfristig Erfolg haben will, muss sie wissen, was sie im Kern ausmacht – du musst selbstbewusst sein. Ja, Selbstbewusstsein wird oft missverstanden und mit Überheblichkeit oder Hochmut gleichgesetzt. Dabei schließt das Bewusstsein auch negative Aspekte mit ein. Das Problem ist, dass gerade in der Führungsebene eine solche Selbstreflexion oftmals zu kurz kommt. Dabei sind es gerade die Manager, die nicht nur bestimmen, wofür die Unternehmensmarke nach außen stehen soll, sondern durch ihr persönliches Auftreten auch einen signifikanten Einfluss auf ihre Mitarbeiter ausüben können – positiv wie negativ.

FedEx-Gründer Frederick Smith stellte in den 1970er Jahren die Mitarbeiterzufriedenheit in den Mittelpunkt seiner Unternehmenskultur. Renditen und Wachstum seien die natürlichen Folgen glücklicher und motivierter Mitarbeiter, lautete seine These, die sich als eigenständiger Führungsstil in der Praxis etabliert hat: die transformationale Führung.[26] Das bedeutet die Fähigkeit von Führungskräften, ihre Vorbildfunktion überzeugend wahrzunehmen und dadurch Vertrauen, Respekt, Wertschätzung und Loyalität zu erwerben. Die Mitarbeiter werden intrinsisch motiviert und zur Veränderung (Transformation) ihres Verhaltens und ihrer Lern- und Leistungsbereitschaft inspiriert. Zahlreiche Studien haben ergeben, dass ein solcher Führungsstil deutlich bessere Ergebnisse als die klassische transaktionale Führung aufweisen kann, die nach dem alten Prinzip »Leistung gegen Geld« funktioniert.[27] Ein Modell, welches gerade auch durch die Generation Y aufs Abstellgleis geraten ist.

Für Persönlichkeitsmarken bedeutet das: »Leistung gegen Gegenleistung« reicht auch hier nicht mehr. Es geht darum, seine Mitmenschen zu begeistern. Die Grundvoraussetzung hierfür: Sich für sich selbst begeistern. Das tun, was du wirklich liebst. Das klingt sehr einfach, in der Praxis scheitern wir aber oft daran. Es gibt schließlich Gründe dafür, warum der Montag bei der Mehrheit der Menschen keinen guten Ruf genießt. Dabei ist es nicht der Montag, der nervt, sondern eher der ernüchternde Alltag, der uns aus dem erholsamen Wochenende reißt. Fangen wir also bei der Basis an und arbeiten wir uns Schritt für Schritt weiter nach oben (siehe Abbildung).

Die drei Stufen zur Selbstverantwortung

Das innere Feuer – »Love it, change it or leave it«

Menschen sind erfolgreicher in den Dingen, die ihnen Spaß machen. Freude, Begeisterung, Faszination und Interesse sind die größten Treiber beim Lernprozess. Logisch, denn wer etwas gerne tut, wird es häufiger machen und alleine dadurch schon zwangsläufig besser werden. Ein ziemlich simples, aber eindrucksvolles Beispiel ist der Profifußball. »Ich habe mein Hobby zum Beruf gemacht«, hört man immer wieder von Manuel Neuer und Co. Was gibt es auch Schöneres? Aber nicht nur Fußballer, sondern auch die großen Persönlichkeiten in der jüngsten Menschheitsgeschichte verbindet immer eine Sache: die Liebe zu dem, was sie gerade tun. Die Passion. Genau das macht sie ja zu einer großen Persönlichkeit. Steve Jobs war besessen von schlichter Eleganz und Design, Martin Luther King hatte einen Traum und Elon Musk will das Weltall erkunden. Es sind ihre Innovationskraft und Leidenschaft, die solche Menschen auszeichnen, nicht ihr Kontostand.

In seiner berühmten Rede im Jahr 2005 sagte Steve Jobs vor den Absolventen der Stanford-Universität:

»*Die Arbeit wird einen Großteil Ihres Lebens einnehmen, aber wirklich erfüllt ist man nur, wenn man weiß, dass es etwas wirklich Großes ist. Und das geht nur, wenn man seine Arbeit liebt. Wenn Sie noch nichts gefunden haben, suchen Sie weiter. Arrangieren Sie sich nicht. Wie bei allen Herzensangelegenheiten weiß man, dass es das Richtige ist, wenn man es gefunden hat. Und wie bei jeder wichtigen Beziehung wird es mit den Jahren immer besser. Suchen Sie also so lange, bis Sie das Richtige gefunden haben. Arrangieren Sie sich nicht. Als ich 17 war, las ich einen Satz, der etwa so ging: ›Wenn man jeden Tag lebt, als wäre es der letzte, wird man irgendwann recht haben.‹ Das hat mich beeindruckt, und seitdem habe ich jeden Morgen in den Spiegel geschaut und mich gefragt: Wenn heute mein letzter Tag wäre, würde ich dann tun wollen, was ich heute tun werde? Und wenn ich allzu oft mit Nein antwortete, dann wusste ich, dass ich etwas ändern musste.*«

Wofür brennst du? Was ist deine Leidenschaft? Worin gehst du auf? Es werden genau diese Dinge sein, die deiner Marke ihre unverwechselbare Form geben. Such dir diese Dinge und lass sie nicht mehr los. Denk daran, es geht nicht um Perfektion. Jobs sprach davon, besser zu werden. Ecken und Kanten tragen zu unserer Einzigartigkeit bei und bleiben im Gedächtnis. Finde dein Feuer und sieh zu, wie du es am Brennen hältst. Das geschieht im zweiten Schritt, bei deinen Stärken und Schwächen. Die sogenannte SWOT-Analyse kann dir dabei helfen.

Stärken und Schwächen analysieren – die SWOT-Analyse

SWOT steht für Strenghts (Stärken), Weaknesses (Schwächen), Opportunities (Chancen) und Threats (Risiken) und das Modell wurde in den 1960er Jahren an der Harvard Business School entwickelt. In der Regel wird eine solche Analyse auf Unternehmensebene durchgeführt, doch auch auf persönlicher Ebene lassen sich damit zielgenaue Strategien entwickeln, die interne sowie externe Faktoren berücksichtigen. Im Grunde genommen ist es deine Anleitung, wie du mithilfe deiner eigenen Fähigkeiten auf alle äußeren Umstände reagieren kannst.

- **Stärken:** Mach dir als Erstes deine Stärken bewusst. Was kannst du richtig gut? Was sind deine Alleinstellungsmerkmale? Welche Fähigkeiten schreiben dir deine Mitmenschen zu? Notiere alles, was dir einfällt. Neben deiner fachlichen Qualifikation können auch besondere Interessen, deine Erfahrung, deine Ressourcen oder deine Kontakte echte Stärken sein.

AUFGABE:

Nimm dir etwa 10 Minuten Zeit und schreib deine fünf größten Stärken auf. Besonders gut wird es, wenn du Stärken findest, die andere Menschen in deinem Umfeld oft nicht haben.

1. _____

2. _____

3. _____

4. _____

5. _____

- **Schwächen:** Nun zu den Dingen, die dir schwer fallen. Wo siehst du Verbesserungspotenzial? Weswegen wirst du häufiger kritisiert? Beachte: Nur wenn du ehrlich zu dir bist, kannst du wirklich Verantwortung für dich übernehmen.

AUFGABE:

Nimm dir etwa 10 Minuten Zeit und schreib deine fünf größten Schwächen auf. Konzentriere dich dabei auf besonders gravierende Schwächen, die dich in deinem Leben wirklich bremsen.

1. _____

2. _____

3. _____

4. _____

5. _____

- **Chancen:** Bei der externen Analyse geht es um solche Faktoren, die außerhalb deiner Persönlichkeit liegen, also um Dinge, die um dich herum passieren. Diese werden in Chancen und Risiken unterteilt. Eine ausgeschriebene Stelle kann zum Beispiel eine hervorragende Chance sein. Schau dir den Markt an, in dem du dich tummelst. Welche Trends kannst du nutzen? Gibt es Fortbildungsmöglichkeiten? Welche lokalen Ereignisse sind von Interesse und bieten dir Chancen? Was tut sich im technologischen Bereich?

AUFGABE:

Nimm dir etwa 10 Minuten Zeit und definiere fünf Chancen, die sich dir auftun, um deinen Erfolg voranzutreiben.

1. _____

2. _____

3. _____

4. _____

5. _____

■ **Risiken:** Natürlich lauern auch Risiken auf deinem Weg. Auch diese können die unterschiedlichsten Formen annehmen. Was macht deine Konkurrenz besonders gut? Ändern sich die Regularien in deinem Markt? Hast du vielleicht finanzielle Engpässe? Welche Hürden stellen sich dir in den Weg?

AUFGABE:

Nimm dir etwa 10 Minuten Zeit und schreib fünf Risiken auf.

1. _____

2. _____

3. _____

4. _____

5. _____

Aussagekräftig wird die SWOT-Analyse, indem du die internen Faktoren (Stärken/Schwächen) mit den externen Faktoren (Chancen/Risiken) verbindest. Das bedeutet: Deine Qualitäten sind dafür verantwortlich, wie gut du Chancen nutzen und Risiken abwehren kannst. Alles, was du dafür brauchst, ist eine Portion Ehrlichkeit und die vier folgenden Leitfragen:

■ **Stärke/Chance:** Wie kannst du deine Stärken nutzen, um die Chancen optimal zu nutzen, zu optimieren oder zu vergrößern?

■ **Schwäche/Chance:** Wie kannst du deine Schwächen minimieren, um keine Chancen mehr zu verpassen?

■ **Stärke/Risiken:** Wie kannst du deine Stärken einsetzen, um externe Risiken einzuschränken?

■ **Schwäche/Risiken:** Welche deiner Schwächen erzeugen Risiken und wie kannst du dich davor schützen?

AUFGABE:

Trag deine Antworten in die Matrix ein.

Strenghts
STÄRKEN
1. Was sind deine Stärken?
2. Welche einzigartigen Fähigkeiten besitzt du?
3. Was kannst du besser, als andere?
4. Was nehmen andere als deine Stärken wahr?

Weakness
SCHWÄCHEN
1. Was sind deine Schwächen?
2. Was können deine Konkurrenten besser als du?

Opportunities
CHANCEN
1. Welche Trends wirken sich positiv auf dich aus?
2. Welche Möglichkeiten hast du? Über welche Möglichkeiten verfügst du?

Threats
RISIKEN
1. Hast du eine solide finanzielle Stütze?
2. Welche Trends wirken sich negativ auf dich aus?

S W O T

Die SWOT-Matrix

Verantwortung übernehmen – die fünf Regeln

Jetzt, wo die Strategie steht, gilt es, diese umzusetzen. Dabei wird es immer zu Schwierigkeiten kommen. Es ist wie bei einem Ikea-Schrank: Entweder fehlt eine Schraube, ein Teil ist beschädigt oder du fühlst dich beim Lesen der Anleitung in die Statistikvorlesung der Universität zurückversetzt. Challenges gehören auf deinem Weg dazu – und das in den unterschiedlichsten Erscheinungsweisen. Manchmal musst du sie überqueren, manchmal hilft nur ein Umweg oder der Vorschlaghammer (natürlich nur im übertragenen Sinne). In meinen Jahren als selbstständiger Unternehmer und in unzähligen Gesprächen mit erfolgreichen Persönlichkeiten habe ich fünf Regeln definiert, die dir auf diesem steinigen Weg helfen sollen.

Regel 1: Verlass deine Opferrolle

Ja, es ist bequem im Selbstmitleid. Aber es ist Zeit aufzustehen! Du bist kein Opfer deiner Umwelt. Entschuldige dich also bei den Menschen, die du zum Sündenbock erklärt hast. Niemand außer dir ist dafür verantwortlich, ob du glücklich bist oder deine Ziele erreichst. Mit deinen Gedanken, deinen Handlungen, deinen Gefühlen und deinen Mitmenschen, die du in dein Leben gelassen hast, hast du deine jetzige Lebenssituation selbst kreiert. Wenn du unzufrieden bist, bist du jederzeit in der Lage, etwas daran zu ändern.

Regel 2: Erzwinge dein Glück

»Glück ist, was passiert, wenn Vorbereitung auf Gelegenheit trifft«, lautet ein berühmter Satz des römischen Philosophen Seneca. Entscheidend ist das Wort Vorbereitung. Stell dir vor, du hast die einmalige Möglichkeit, deinen absoluten Traumjob zu ergattern. Per Zufall hast du einen alten Bekannten in einer Bar getroffen, der dir den Kontakt vermittelt hat – ein klassischer Glücksfall. Beim Bewerbungsgespräch stellt der Personalleiter plötzlich einige Fragen auf Englisch. Du kommst ins Schwimmen, weil du lange kein Englisch mehr gesprochen hast, und leider hast du es im Vorfeld versäumt, deine Kenntnisse aufzufrischen. Der Job ist weg. Was bleibt, ist die Enttäuschung. Das bedeutet: Bei jedem deiner Projekte ist es deine Aufgabe, alles zu tun, was in deiner Macht steht. Nur so kannst du echte Glücksfälle wirklich nutzen.

Regel 3: Gib Fehler zu

Zur Selbstverantwortung gehört es auch, Fehler einzugestehen. Das hat gleich zwei Vorteile: Zum einen setzt du dich dadurch intensiv mit deinen Fehlern auseinander und kannst für die Zukunft wichtige Schlüsse ziehen. Zum anderen beweist du dadurch Stärke, denn nur wenige Menschen können das. Du erntest somit langfristig den Respekt deiner Mitmenschen. Niemand ist perfekt, aber dazu gleich mehr bei Regel 4.

Regel 4: Werde besser, nicht perfekt

Perfektion ist eine Illusion. Es wird immer Dinge geben, die du verbessern kannst. Und das ist auch gut so! Stell dir vor, es gäbe nichts mehr, wonach du streben könntest. Du hättest alles erreicht, es gäbe keine Aufgabe mehr. Das mag im ersten Moment erstrebenswert klingen, offenbart nach längerer Überlegung jedoch eine große Leere. Nichts auf der Welt ist perfekt. Hinterfrage dich aber stets selbst, denn nur so wirst du immer besser und kommst immer näher an die Perfektion heran – ohne sie jemals wirklich zu erreichen.

Regel 5: Sei präzise

Bestimmt ist dir aufgefallen, dass ich dich in diesem Kapitel ganz besonders direkt angesprochen habe. Das solltest du auch tun. Je präziser du deine Mitmenschen ansprichst, desto höher ist die Wahrscheinlichkeit, dass sie handeln werden. Verzichte deshalb auf unpersönliche Ansprachen wie »man sollte«. Sprich selbstbewusst aus der Ich-Perspektive und geh offen mit deinen Zielen und Wünschen um. Nicht »man sollte sich mehr ins Zeug legen«, sondern »du« oder »ich«.

Fazit: Verantwortung

→ Verantwortung zu übernehmen ist ein elementarer Aspekt im Personal Branding. Erfolgreiche Marken sind sich der Folgen ihrer Handlungen bewusst und suchen keine Ausreden.

→ Vor allem für Topmanager ist Selbstverantwortung von entscheidender Bedeutung. Zum einen repräsentieren sie die Marke nach außen, aber auch nach innen gegenüber ihren Mitarbeitern. Daraus resultiert eine wichtige Vorbildfunktion.

→ Eine authentische und eigenverantwortliche Marke, die ihre Mitmenschen begeistert und im besten Fall inspiriert, muss zuallererst sich selbst begeistern können. Frag dich deshalb: Wofür brennst du?

→ Wenn du deine Leidenschaft gefunden hast, gilt es im zweiten Schritt deine Stärken und Schwächen zu definieren. Bedenke dabei: Es geht nicht darum, perfekt zu sein, sondern besser zu werden. Dafür brauchst du eine Strategie.

→ Ein hilfreiches Tool zur Strategieentwicklung ist die SWOT-Analyse. Sie zeigt dir, wie du mit deinen Fähigkeiten auf äußere Einflüsse reagieren kannst.

→ Im Laufe deiner Entwicklung wirst du immer wieder auf Hürden treffen. Einige wenige Regeln können dir bei deren Überwindung helfen.

Interview mit Louis Darcis,
Blogger & Creator, über das Thema Selbstverantwortung

Mit über 223 000 Abonnenten auf Instagram gehört der erst 22-jährige Louis Darcis zu den größten und relevantesten Influencern Deutschlands. Was er vor fünf Jahren, als damals 17-Jähriger, mit einfachen Spiegel-Selfies im heimischen Jugendzimmer begann, hat Louis Darcis heute zum Beruf gemacht. In den Bereichen Fashion, Travel und Lifestyle kreiert er täglich neue Fotos und Videos, die er über soziale Medien mit Tausenden Menschen teilt. Aufgrund seiner Reichweite ist er eines der gefragtesten Werbegesichter in Deutschland. Zu seinen größten Kooperationspartnern gehören unter anderem Ford, Jeep, Panasonic, Vodafone oder Snipes. Im Interview erklärt er, warum Authentizität die Währung der Zukunft ist und warum der eigene Weg immer der beste ist.

Herr Darcis, von Beruf Influencer – für viele Menschen klingt das noch sehr fremd. Ihre Tätigkeit wird deshalb häufig auch belächelt. Was können Sie diesen Menschen sagen?

Tatsächlich ist der Begriff Influencer für viele Menschen noch sehr befremdlich, weil die Arbeit dahinter auch noch kaum anerkannt ist. Deshalb höre ich den Begriff selbst nicht so gerne. Ich und viele andere Kollegen bezeichnen uns deshalb lieber als Creators, weil das Kreieren von Inhalten, seien es Bilder, Videos oder andere Beiträge, unsere Tätigkeit am besten beschreibt. Ich versuche mit meiner Kreativität die Menschen zu inspirieren.

Gerade junge Menschen sehen in Ihnen ein Vorbild und streben eine ähnliche Karriere an. Traumjob Creator. Wie viel »Traum« und wie viel »Job« steckt wirklich dahinter?

Um ehrlich zu sein, war es nie mein Traum, Creator zu werden. Letztlich lebe ich aber natürlich jetzt das Leben, das ich mir in der Vergangenheit auch oft gewünscht habe. Am Anfang war es aber nicht mehr als ein cooles Hobby für mich, das mir Spaß gemacht hat und immer noch tut –

sonst würde ich es nicht machen. Dennoch war es immer meine Priorität, mein duales Studium komplett durchzuziehen. Dass es jetzt so gekommen ist, dass ich durch Instagram ein schönes Leben führen kann, ist umwerfend für mich, war aber nicht mein erklärtes Ziel von Anfang an.

Wie waren die Reaktionen ganz zu Beginn? Und wie haben Sie es geschafft, trotz Kritik weiter am Ball zu bleiben?

Ich bin stolz zu sagen, dass ich mit der Kritik – gerade am Anfang – immer gut umgehen konnte und das nie verlieren werde. Natürlich ist es schwer, mit 17 Jahren zu starten, wenn man in einem kleinen Dorf lebt. Viele Leute haben mich belächelt, aber ich habe mich davon nicht abhalten lassen und wollte einfach mein Ding durchziehen. Ich bin dann auch relativ bald nach meinem Abitur weggezogen und kann heute glücklicherweise sagen, dass es sich gelohnt hat.

Sie sind einen Weg gegangen, der von der klassischen Karriere deutlich abweicht. Das erfordert Mut. Nehmen Sie uns mit in Ihre Gedankenwelt: Zweifeln Sie auch manchmal?

Ja, das tue ich. Weil Menschen wie ich immer noch um Anerkennung in der Gesellschaft kämpfen. Für meine Eltern war es auch nicht immer leicht, meinen Weg nachzuvollziehen. Trotzdem haben sie mich immer unterstützt, auch wenn sie sich vermutlich einen anderen Karriereweg für mich gewünscht haben. Aber auch mir selbst stelle ich manchmal Fragen: Erfüllt mich das selbst noch? Wie lange geht das Ganze noch – ein Jahr, zwei Jahre oder die nächsten zehn Jahre? Niemand kann das genau abschätzen. Das Leben in den sozialen Medien ist vor allen Dingen schnell. Es wäre deshalb fahrlässig, eine akademische Laufbahn für eine Sache abzubrechen, bei der man nicht langfristig planen kann. Dann spielt es auch keine Rolle, wie sehr diese Branche am Boomen ist.

Was sind Ihrer Meinung nach die Fähigkeiten und Qualitäten, die eine Persönlichkeitsmarke braucht, um in der digitalen Welt zu bestehen?

Leidenschaft für das zu haben, was man tut. Ich möchte jeden Morgen aufstehen und mich auf den Tag freuen können. Es ist das größte Geschenk, das zu tun, was man wirklich liebt! Ist das gegeben, wird das automatisch auch bei den Menschen ankommen, die dich auf Instagram und Co. sehen. Außerdem braucht es definitiv Mut – denn negative Kritik wird immer kommen. Die Frage ist, wie du damit umgehst. All das führt zum letzten und wichtigsten Punkt: Authentizität. Wenn du ein Ziel hast, dann geh ihm nach. Punkt.

Der Boom von Instagram und Co. sorgt auch dafür, dass der Konkurrenzkampf steigt. Wie wichtig, glauben Sie, ist diesbezüglich die Selbstreflexion, um sich ständig weiterzuentwickeln?

Ich glaube, unabhängig von der Branche, in der man tätig ist, sollte Selbstreflexion ein elementarer Bestandteil sein. In der ganzen Hektik gehen manchmal elementare Fragen unter, die eigentlich unser Kompass sein sollten. Deshalb ist der Schritt zurück so wichtig. Ein »Immer höher, schneller, weiter« ohne Pause führt zwangsläufig irgendwann dazu, dass man die Nahbarkeit verliert.

Wie gehen Sie mit der Verantwortung gegenüber Ihren Abonnenten um?

Ich versuche, sehr sorgfältig damit umzugehen. Das beginnt schon bei Kleinigkeiten. Sei es, dass ich keinen Alkohol zeige oder mich nicht selbst filme, wenn ich gerade Auto fahre. Bis hin zum großen Ganzen, was mir wichtig ist, weiterzugeben. Ich will gerade meinen jungen Abonnenten klarmachen, dass das Leben als Blogger nicht so ist, wie sie es sich vermutlich vorstellen. Jeder zeigt nur das, was wirklich schön ist. Meine Abonnenten wissen vielleicht zehn Prozent aus meinem Leben – der Rest bleibt bei mir. Auch ich zeige mich nicht in meinen dunkelsten Momenten. Aber ich spreche darüber offen und versuche so Aufklärungsarbeit zu leisten. Wir alle haben dieselben Sorgen und Zweifel.

Das ist das BRAND-BUILDING-MODELL© mit den acht wichtigsten Tools für erfolgreiche Marken & Menschen. In jedem der acht Tools sind 1 bis 10 Punkte zu vergeben, wobei 1 »sehr schwach« und 10 »sehr stark« entspricht. Wie schätzen Sie Ihre Fähigkeiten als Persönlichkeitsmarke in den einzelnen Bereichen ein?

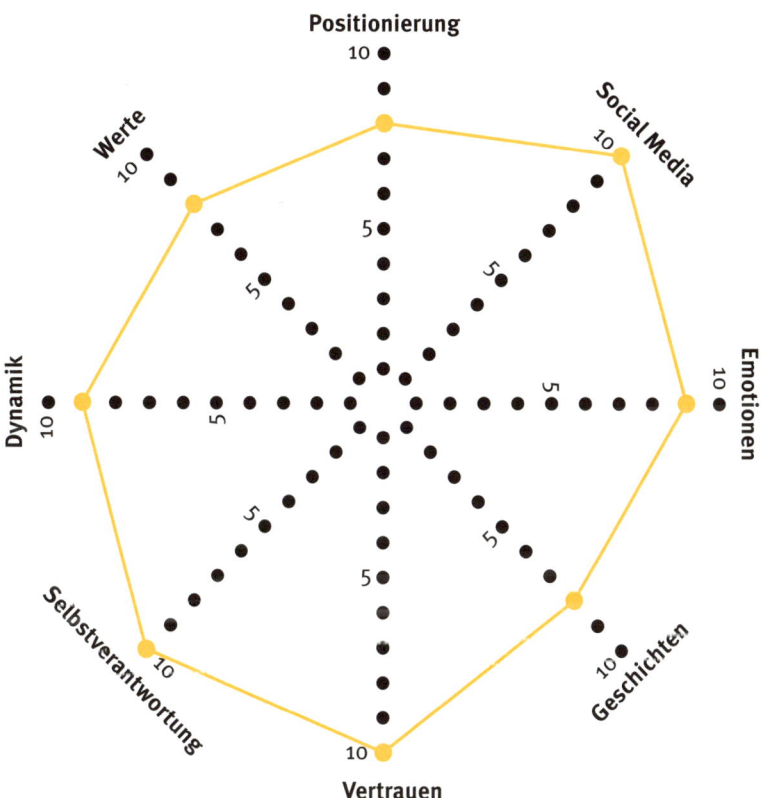

Bitte vervollständigen Sie folgenden Satz: Verantwortung für sich selbst zu übernehmen, bedeutet …

… seiner Leidenschaft nachzugehen, denn nur das führt zu wahrer Authentizität.

4.
Geschichten:
Dein einzigartiger Weg

Geschichten, die bewegen, bleiben im Kopf. Dazu braucht es auch immer einen charismatischen Hauptcharakter. In meiner Idealvorstellung wäre diese Rolle immer einem Menschen sicher: Hubert Burda. Denn fast alles, was ich über die Kraft von guten Geschichten weiß, hat er mir beigebracht.

Ich lernte Hubert Burda bei einem Meeting in meiner Beraterzeit bei Ogilvy & Mather kennen. Wenig später saßen wir beide wieder an einem Tisch, allerdings ohne Kollegen und nicht im Konferenzraum, sondern nur wir beide in seinem Büro. Offiziell ging es um ein Jobangebot für mich, doch dieser Teil des Gesprächs war in zehn Minuten abgehakt. In den restlichen zwei Stunden redeten wir über alles, außer über den Beruf. Hubert Burda wollte meine Geschichte hören – heute ist mir klar, weshalb. Geschichten zeigen, woher wir kommen, wohin wir wollen und machen unser Handeln nachvollziehbar. Wir sind das Produkt unserer Erfahrungen.

Hubert Burda wusste schon immer, dass die wichtigsten Informationen nicht im akademischen und beruflichen Lebenslauf stehen, sondern sich irgendwo dazwischen verstecken. Auch das ist ein Grund für die herausragende Erfolgsstory seines Unternehmens. Ich bin mehr als glücklich, dass ich sechs Jahre meines Lebens für ihn arbeiten durfte, er mir die Möglichkeit gab, mit ihm das Silicon Valley zu besuchen, und er durch seine authentische Erscheinung und Genialität auch meine persönliche Geschichte maßgeblich mitgeschrieben hat.

Der Anker unserer Erinnerung

Machen wir ein kleines Experiment. Du liest gleich vier Geschichten. Der Protagonist wird an keiner Stelle namentlich erwähnt. Die Preisfrage: Kannst du erraten, um wen es sich handelt?

1. Es war einmal ein junger Harvard-Student, der die Idee zweier Kommilitonen klaute und eine Internetplattform zum Austausch für alle Studierenden seiner Universität programmierte. Später lehnte er ein Kaufangebot von Yahoo in Höhe von einer Milliarde US-Dollar ab und ist heute Multimilliardär.

2. Ein kleiner Hobbit aus dem Auenland gerät in den Besitz eines mächtigen Rings. Seine Aufgabe: Er soll diesen Ring zum Schicksalsberg nach Mordor bringen und ihn dort in die Flammen werfen. Doch es gelingt ihm nicht.

3. Ein kleiner Junge lebt unglücklich bei seiner Gastfamilie unter der Treppe in einer Abstellkammer. Eines Tages erhält er jedoch Besuch von einem großen, bärtigen Mann. Er erfährt, wer er wirklich ist, und soll auf eine Zauberschule.

4. Ein junger Mann hat zur Jahrtausendwende die Vision, dass die Menschen ihre Bezahlungen online abwickeln, und gründet wenig später Paypal mit. Doch sein Hunger nach Innovation ist noch lange nicht gestillt – im Gegenteil. Er will mehr. Zwei Jahre später gründet er eine Raumfahrtfirma und investiert in einen bekannten Hersteller für Elektroautos. Heute gilt er als einer der größten Visionäre unserer Zeit.

Sicherlich wirst du alle vier Hauptfiguren schnell erkannt haben. So schnell sogar, dass du die Storys nicht einmal bis zum Ende gelesen hast. Es handelt sich natürlich um Mark Zuckerberg, Frodo Beutlin, Harry Potter und Elon Musk. Schon die Brüder Grimm waren sich der Kraft der Geschichten bewusst, heute sind es Hollywood-Regisseure, skandinavische Krimiautoren in den Bestsellerlisten, weltbekannte CEOs oder eben clevere Wir-Marken. Was ist deine unverkennbare

Story, die dich einzigartig macht? Dieser Frage gehen wir in diesem Kapitel nach.

Geschichten bleiben im Gedächtnis, Zahlen und Fakten eher weniger. Denk doch einmal an deine Schulzeit zurück. Stell dir vor, du müsstest dir noch einmal eines der Referate in Geschichte anhören. Wer kennt schon das genaue Geburtsdatum von Mahatma Ghandi? Wer weiß noch, wann Nelson Mandela genau ins Gefängnis kam? Vermutlich wissen das die wenigsten. Die meisten wissen aber, was diese Persönlichkeiten auszeichnete. Oder denk an den Englischunterricht zurück und frag dich, was du schneller auswendig lernen konntest: die Vokabeln oder deinen damaligen Lieblingssong. Vermutlich bist du heute noch textsicher. Und welche Geschichten aus dieser Zeit erzählst du heute deinen Freunden? Bestimmt legst du ihnen nicht deine Zeugnisse oder alte Textaufgaben vor. Es sind die Geschichten von Raufereien auf dem Pausenhof, von den Klassenfahrten oder seltsame Lehrergeschichten, die bei keinem Treffen mit alten Freunden fehlen dürfen und für allgemeine Erheiterung sorgen. Für alles andere gibt es Mastercard. Oder Google.

Wie gut sich Geschichten in unser Gedächtnis einbrennen, ist sogar wissenschaftlich erforscht und eines der zentralen Themen in der Neurowissenschaft. In ihrem vielzitierten Buch *Lernen zu lernen* erläutern die beiden Psychologen Werner Metzig und Martin Schuster die Vorteile der sogenannten Geschichtentechnik[28] . Diese nutzen selbst die ganz großen Gedächtnisweltmeister, wie beispielsweise Boris Konrad. Seit 2013 hält er den Weltrekord im Wörter merken – 119 Begriffe prägt sich der Großmeister in nur fünf Minuten ein. Eine gewaltige Leistung, die vermutlich auch ein gewisses Talent voraussetzt. Doch Konrad ist sich sicher, dass jeder sein Erinnerungsvermögen durch ein bisschen Kreativität verbessern kann. Der Trick: Vermeintlich zusammenhangslose Begriffe werden in eine Geschichte eingebettet.

Und so funktioniert das Ganze. Stell dir vor, du sollst dir in wenigen Minuten die Begriffe Fenster, Kloschüssel, Handy, Stift, Orangensaft, Tastatur und Affe einprägen – und in exakt dieser Reihenfolge später wiedergeben. Das funktioniert viel besser, wenn du sie in eine Geschichte einbaust, zum Beispiel:

*Letzte Woche habe ich aus meinem **Fenster** geschaut und sah, wie jemand eine **Kloschüssel** auf seinem Rücken schleppte. Das wollte ich unbedingt festhalten und zückte mein **Handy**. Doch der Akku war leer. Also nahm ich einen **Stift** zur Hand und begann zu zeichnen. Dabei kippte mir mein Glas mit **Orangensaft** auf den Zettel und auf meine **Tastatur**. »Welch ein **Affen**zirkus!«, schrie ich.*

Diverse Experimente ergaben, dass eine solche Geschichte das Erinnerungsvermögen deutlich verbessern kann. Besonders beeindruckend ist die Untersuchung von Bower und Clark.[29] Den Versuchspersonen wurden zehn Listen mit je zwölf Wörtern vorgelegt. Die Personen, die die Geschichtentechnik verwendeten, konnten sich im Schnitt 93 Prozent der Wörter merken. Die Vergleichsgruppe ohne besondere Lerninstruktion kam im Schnitt nur auf 13 Prozent. Wie kann solch ein signifikanter Unterschied zustande kommen?

Im Kapitel über Emotionen hast du bereits gelernt, dass wir weitaus irrationaler sind, als wir gemeinhin annehmen. Wir wollen begeistert werden. Und was fesselt uns mehr als eine packende Geschichte? Die Bedeutsamkeit einer guten Story ist somit nicht nur den Wissenschaftlern, sondern auch den großen Unternehmen und CEOs schon längst bewusst. Geschichten schaffen Identifikationsflächen. Es geht um Bilder, Emotionen und Authentizität – die Zutaten, die eine gute Geschichte von einer sehr guten Geschichte unterscheiden.

Wer sich heutzutage einen Porsche kauft, kriegt nicht nur 500 Pferdestärken, sondern über 70 Jahre echte deutsche Ingenieurskunst. Eine Rolex zeigt dem stolzen Besitzer auch nicht mehr als die Uhrzeit und das Datum (wenn man ein teures Modell besitzt) an, aber Rolex steht für ein schillerndes Jahrhundert Schweizer Uhrenmachertradition – auch wenn das Unternehmen ursprünglich in London gegründet wurde. Und was wäre Tesla ohne Elon Musk? Klar, in erster Linie ein Unternehmen ohne Chef, würde man meinen. Doch das greift viel zu kurz. Elon Musk *ist* Tesla, Elon Musk *ist* Elektromobilität. Seine beeindruckende Vita verleiht dem Konzern die gesamte Strahlkraft, die manchmal selbst die großen deutschen Autogiganten wie Daimler, BMW und Volkswagen in den Schatten stellt. Dabei fährt der Konzern am laufenden Band Verluste ein, die Aktie hingegen läuft und läuft und läuft. Die Zahlen rücken in den Hintergrund, es geht um Vertrauen und um Visionen – und davon hat Musks Geschichte mehr als nur genug zu bieten.

Das Musk-Phänomen zeigt, dass eine prägnante Geschichte somit auch oder gerade für Manager, die ein Unternehmen repräsentieren, von entscheidender Bedeutung ist. Zum einen nach außen, in der Kundenbeziehung: Eine Studie des Marktforschungsunternehmens Nielsen ergab, dass 92 Prozent der Menschen den Empfehlungen von anderen Personen – auch wenn sie diese nicht kennen – mehr vertrauen als Werbebotschaften von Unternehmen.[30] Zum anderen nach innen, beim Recruiting und in der Mitarbeiterbeziehung: 95 Prozent der Personalreferenten glauben, dass sich der Kampf um die besten jungen Talente weiter verschärfen wird.[31] Ein charismatischer Chef mit Guru-Faktor ist in einem solchen Umfeld ein schlagkräftiges Argument.

Apropos Guru-Faktor und Elon Musk. Die drei anderen Storys von Harry Potter, Mark Zuckerberg und Frodo zu Beginn des Kapitels haben eine Gemeinsamkeit, nämlich den gleichen Aufbau. Sie alle basieren auf dem Prinzip der Heldenreise – einem Erfolgsrezept aus dem Storytelling, das auch du nutzen kannst!

Die Heldenreise – die Do-it-yourself-Erfolgsgarantie

Die Heldenreise ist so etwas wie die geheime Blockbuster-Formel in Hollywood. *Herr der Ringe*, *Harry Potter*, *Star Wars* – unzählige Kassenschlager sind alle nach dem gleichen Muster gestrickt. Bereits in den 1940er Jahren entdeckte der amerikanische Mythenforscher Joseph Campbell auf seinen Reisen, dass alle Naturvölker eine Gemeinsamkeit hatten:[32] Sie erzählten sich Geschichten, um zu lernen. Das Besondere daran: Nahezu alle Geschichten hatten eine typische Situationsabfolge und immer wieder ähnliche Charaktere. Er identifizierte dabei zwölf Stufen, die der Held durchlaufen muss. Die Heldenreise ist allerdings nicht nur für den Kinosaal oder die Literatur bestimmt, auch du kannst sie nutzen, um deine Geschichte spannend, authentisch und einprägsam zu gestalten. Denn auch in dir steckt ein Held!

Im folgenden Abschnitt lernst du alle Stufen der Heldenreise der Reihe nach kennen. Am Ende jedes Absatzes hast du Platz, um die Fragen zu beantworten, die dir gestellt werden – so baust du deine eigene authentische Story. Du wirst dabei schnell merken, an welcher Stelle du dich gerade in deinem Leben befindest. Wenn du schon einige der Stufen durchlebt hast, versuch dich in deine damalige Lebenssituation hineinzuversetzen. Die Heldenreise kann dir dabei helfen, dich auf bestimmte Punkte zu fokussieren, um so deine Geschichte weiter auszugestalten. Und selbst wenn du noch ganz am Anfang stehst, ist das kein Problem – im Gegenteil. Die Heldenreise zeigt dir Möglichkeiten und Wege auf, ist nie wirklich zu Ende und teils lückenhaft. Sie ist dein Wegweiser in das Gedächtnis deiner Mitmenschen. Sie zeigt dir, welche Fragen deiner Zielgruppe auf der Zunge liegen. Mithilfe der Heldenreise zeigst du, woher du kommst und wohin du noch willst. Sie ist dein Alleinstellungsmerkmal in Zeiten der Informationsflut, deine Antwort auf die Frage: »Warum du und nicht jemand anderes?« Bau jetzt deine einzigartige Story!

Stufe 1: Die gewohnte Welt

Jeder Mensch befindet sich auf seiner persönlichen Heldenreise. Deshalb beginnt sie auch dort, wo wir zu Hause sind: in unserer gewohnten Welt. Hier kennen wir alles, die Dinge sind vorhersehbar und wir fühlen uns sicher. Du weißt, was du kannst, du weißt, was du nicht kannst, und du weißt, wie deine Mitmenschen zu dir stehen. Das ist dein Alltag. Und genau hier liegt das Problem: Die gewohnte Welt ist langweilig. Wie du aus dem Kapitel über Emotionen weißt, wollen Menschen begeistert werden. In der gewohnten Welt läuft jedoch alles eher auf Sparflamme. Oder hast du schon mal einen Helden gesehen, der sich damit zufriedengibt, jeden Morgen um 6:30 Uhr aufzustehen, Müsli zu essen, zur Arbeit zu fahren und jeden Abend wieder nach Hause zu kommen und fernzusehen? Irgendetwas fehlt. Genau hier beginnt dein erster Schritt. Dieses Gefühl des Mangels ist das deutliche Zeichen, dass außerhalb deiner Komfortzone mehr auf dich wartet und viel mehr Potenzial in dir steckt.

> → **Wie sah dein Alltag lange Zeit aus?**
> → **Was hat dir dabei gefehlt?**
> → **Was wolltest du schon immer machen?**

Stufe 2: Der Ruf zum Abenteuer

Der Moment ist gekommen, in dem du endlich aus deiner Komfortzone ausbrechen möchtest. Der Ruf zum Abenteuer ist genau der Zeitpunkt, zu dem du dich eben nicht mehr mit deinem Alltagstrott zufriedengeben willst. Du schaust nicht auf das, was ist, sondern auf das, was sein könnte. Bei Harry Potter war das der Brief aus Hogwarts, bei Frodo war es der Ring. Im Alltag kann es ein einfaches Gespräch mit einem Fremden sein oder auch der Moment, wenn dein Chef dich feuert oder befördert. Oder eine schmerzhafte Trennung oder die Geburt deines ersten Kindes. Du musst nicht zwangsläufig in die Ferne schweifen, das wirklich Schöne liegt oftmals nah. All diese Dinge sind eine Chance, du musst nur Ja sagen und dich trauen, sie zu ergreifen: »Ich will endlich das machen, was ich wirklich möchte!«

→ Wann war dein Hallo-wach-Moment?
→ Wie sah dieser aus?

Stufe 3: Die Verweigerung des Rufs

»Unsere tiefste Angst ist nicht, dass wir unzulänglich sind. Unsere tiefste Angst ist, dass wir unermesslich machtvoll sind. Es ist unser Licht, das wir fürchten, nicht unsere Dunkelheit. Wir fragen uns: Wer bin ich eigentlich, dass ich leuchtend, hinreißend, talentiert und fantastisch sein darf? Wer bist du denn, es nicht zu sein?«[33]

Ist es wirklich so einfach? Nein. Denn du wirst nicht direkt zugreifen, niemand macht das und das ist auch völlig in Ordnung. Es ist sogar ganz natürlich. Wir scheuen das Neue, haben Angst vor dem Unbekannten. Stell dir vor, was passiert wäre, wenn wir uns vor dreitausend Jahren bereits in jedes Abenteuer gestürzt hätten. Die Menschheit wäre wohl kläglich ausgestorben. Das geballte Wissen unserer Vorfahren spricht jetzt quasi zu dir: »Willst du das alles wirklich aufgeben?« Ja, es gibt keine Säbelzahntiger mehr und du wirst bei der Verwirklichung deines Traums vermutlich nicht sterben, aber du wirst diese innere Stimme trotzdem hören – gerade wenn du wirklich kurz davor bist, auszubrechen. Und dann sind da auch noch deine Freunde und Bekannten, Menschen in der Komfortzone. Ein Großteil dieser Menschen wird versuchen, dich von deinem Traum abzuhalten. »Bist du dir sicher? Ich kann mir das nicht vorstellen«, werden sie sagen. Doch du sollst keinen Groll gegen diese Menschen hegen, schließlich haben sie dieselben Ängste wie du. Frag dich lieber, wer die Menschen sind, die an dich glauben. Wenn du willst, was du noch nie hattest, dann musst du bereit sein, Dinge zu tun, die du noch nie gemacht hast.

→ Wovor hattest du Angst?
→ Wie haben die Menschen am Anfang auf deine Pläne reagiert?

Stufe 4: Begegnung mit dem Mentor

Dumbledore, Gandalf, Rafiki, Yoda – es gibt diese Vorbildfiguren auch in deinem Leben. Mentoren nehmen dir deine Ängste und geben dir die Kraft, deine Reise anzutreten. Ein Mentor ist jemand, der mehr Erfahrung hat als du, der in bestimmten Bereichen mehr weiß als du und der diesen Wissensschatz mit dir teilen will. Er fordert und fördert dich. Dabei spielt es keine Rolle, wie lange du ihn schon kennst. Es kann sein, dass sich dein bester Freund irgendwann als Mentor herausstellt oder aber auch beispielsweise ein neuer Chef in dein Leben tritt. Hüte dich allerdings vor Fake-Mentoren. Davon gibt es viele.

Echte Mentoren erkennst du an folgenden Eigenschaften:

1. Ein Mentor konzentriert sich auf deine Stärken und hilft dir, deine Schwächen zu sehen.
2. Ein Mentor teilt sein Wissen mit dir und will dafür keine Gegenleistung.
3. Ein Mentor begleitet dich auf deiner Heldenreise und motiviert dich, sie fortzusetzen.
4. Ein Mentor gibt dir positive Energie, wenn du bei ihm bist.
5. Ein Mentor ist immer ehrlich zu dir.
6. Ein Mentor kennt die gewohnte Welt und die neue Welt.

→ Wer war dein Mentor?
→ Welche Persönlichkeiten haben dich inspiriert und tun es immer noch?

Stufe 5: Überschreiten der ersten Schwelle

Aller Anfang ist bekanntlich schwer, aber du musst dich jetzt endlich überwinden. Natürlich sind die ersten Schritte in der neuen Welt holprig, aber es ist Zeit, Taten sprechen zu lassen. Aus deinen Gedanken werden jetzt zum ersten Mal Handlungen: Du kündigst deinen Job, ziehst an einen anderen Ort oder startest endlich deinen Blog – Hauptsache, du machst etwas. Du lässt die alte, gewohnte Welt mit all ihren Unzulänglichkeiten hinter dir und startest in das Abenteuer, auch wenn dieser Schritt verdammt schwer ist.

→ Wie hast du dich gefühlt, als du den ersten Schritt gewagt hast?
→ Was waren die ersten Schwierigkeiten?

Stufe 6: Bewährungsproben, Verbündete und Feinde

Niemand hat gesagt, dass es ab jetzt einfacher wird. In der neuen Welt weht ein ganz anderer Wind. Ab jetzt wirst du auch auf Menschen treffen, die dir nicht wohlgesonnen sind. Du bist Konkurrenz für sie. Du musst also schnellstmöglich herausfinden, wer dich unterstützt und wer dir schaden will. Du musst lernen, offen mit deinen Ängsten umzugehen und dich ihnen zu stellen. Das werden deine ersten Bewährungsproben sein. Es gibt kein Versteckspielen mehr. Die Tatsachen werden in der neuen Welt von deinen Mitmenschen offen und ehrlich angesprochen – das tut manchmal weh, aber es muss sein. Je offener du Dinge ansprichst, desto authentischer wirst du. Das wird dir Gegner, aber vor allem auch Verbündete einbringen. Du verlässt deine klar definierte Rolle in der gewohnten Welt und entdeckst dich neu. Das ist spannend, aber auch sehr anstrengend.

→ Was hast du in der Anfangszeit über dich gelernt?
→ Worin unterscheidest du dich jetzt von deinem alten Ich?

Stufe 7: Vordringen zur tiefsten Höhle

Du bist mit der neuen Welt schon besser vertraut, siehst die Dinge etwas klarer. Und gerade jetzt kommt er: dein großer Gegenspieler, der Antagonist. Ja, es gibt viele Menschen, die du vielleicht nicht besonders gut leiden kannst, aber mit dieser Person ist es anders. Dein Gegenspieler ist alles, was du nicht bist. Es ist kein schönes Gefühl, ihm direkt in die Augen zu schauen, aber unfassbar wertvoll. Denn dein Gegenspieler offenbart dir deine Schwächen. Du sollst diesen Moment deshalb nicht fürchten, sondern nutzen. Was sind deine intimsten Ängste? Deine geheimsten Schwächen, die du immer geheim halten wolltest? Es ist nicht nur ein Duell mit deinem Gegenüber, sondern auch mit dir selbst.

→ Wer war dein Gegenspieler?
→ Was hast du von ihm über dich gelernt?

Stufe 8: Entscheidungskampf

Die Situation spitzt sich zu. Es kommt zum finalen Aufeinandertreffen. Harry Potter gegen Lord Voldemort, David gegen Goliath, Luke Skywalker gegen Darth Vader – es geht um alles oder nichts. Manchmal sogar um Leben oder Tod. Nach diesem Kampf oder dieser Entscheidung wird nichts mehr so sein, wie es einmal war. Jeder Mensch hat diese eine Sache, vor der er sich am meisten fürchtet: das Outing, die Begegnung mit dem leiblichen Vater, die Offenbarung seines größten Geheimnisses oder die Pflicht, den besten Mitarbeiter entlassen zu müssen. Dinge, die die Norm zerstören und Träume gleich mit.

→ Was ist deine größte Angst?
→ Was war die bisher schwierigste Entscheidung deines Lebens?

Stufe 9: Die Belohnung

Du hast es geschafft! Du hast den Entscheidungskampf gewonnen – gegen deinen Gegenspieler oder gegen dich selbst, das ist egal. Du fühlst dich so lebendig wie noch nie, kraftvoll und elektrisiert. Du hast Dinge geschafft, die du dir in deiner Komfortzone vielleicht immer gewünscht, aber nie wirklich zugetraut hast. Du bist selbstbewusster denn je und weißt, wozu du in der Lage bist. Ein schönes Happy End, aber die entscheidende Etappe deiner Reise beginnt erst jetzt: der Weg zu dir selbst. Du hast so viel gelernt, dass du jetzt weißt, was du wirklich tun möchtest.

> → Was war der Moment deines größten Triumphs?
> → Welche Schlüsse hast du daraus gezogen?

Stufe 10: Rückweg in die gewohnte Welt

»Vergiss niemals, woher du kommst« lautet ein bekanntes Sprichwort. Auch ein Held kehrt irgendwann in sein gewohntes Umfeld zurück. Der Unterschied: Du hast neue Erkenntnisse gesammelt – vor allem über dich selbst. Du musst eine weitere Entscheidung treffen. Möchtest du wieder zurück in deine vertraute Heimat oder liegt dein Zuhause jetzt in der neuen Welt? Du triffst auf alte Bekanntschaften, merkst vielleicht, dass ihr euch auseinandergelebt habt. Das macht dir womöglich Angst, aber das muss es nicht. Das ist völlig normal.

> → Könntest du dir vorstellen, in dein altes Umfeld zurückzukehren?
> → Vermisst du etwas?

Stufe 11 und 12: Die Erneuerung, der Sinn

Am Ende kommt alles zusammen: Deine Erfahrungen, dein Wissen und die besten Seiten deiner Persönlichkeit treffen aufeinander. Du schließt ab mit den Dingen, die dich in der Vergangenheit gestört haben. Du hast deinen Traum verwirklicht, deine Aufgabe erfolgreich erfüllt. Du erkennst in vielen Dingen einen neuen Sinn, siehst klarer. Kurzum: Du bist die beste Version deiner selbst. Und vielleicht schon bald selbst ein Mentor.

→ Wie haben sich deine Prinzipien im Vergleich zu früher verändert?
→ Was möchtest du noch in deinem Leben erreichen?
→ Und welche Werte willst du an andere weitergeben?

Fazit: Geschichte(n)

→ Menschen lieben Geschichten. Gute Geschichten machen dich einzigartig, authentisch und »merk-würdig«. Schaffst du es, deine zentralen Qualitäten und Werte in eine spannende Geschichte zu verpacken, hebst du dich von der breiten Masse ab und bleibst deinen Mitmenschen im Gedächtnis.

→ Geschichten können den Zusammenhalt fördern und Werte mit Leben füllen. Deshalb sind sie ein unverzichtbares Instrument im Personal Branding.

→ Deine Präsenz erhält durch eine Geschichte mehr Tiefe. Kunden wissen, woher du kommst, wo du stehst und wohin du willst. Das schafft Transparenz und Authentizität.

→ Gute Geschichten bleiben besser im Gedächtnis als Zahlen und Fakten. Das beweist auch die Neurowissenschaft.

→ Durch die erzählten Erlebnisse und Identifikationsmöglichkeiten lädt eine Geschichte die eigene Marke mit Emotionen auf, was auf Kunden attraktiv wirkt.

→ Für Manager haben Geschichten eine doppelseitige Wirkung: nach außen in der Kundenbeziehung und nach innen beim Recruiting und in der Mitarbeiterbeziehung.

→ Erfolgreiche Geschichten haben eine klare Struktur und wiederkehrende Muster, die in der Heldenreise nach Joseph Campbell definiert werden.

Interview mit Wladimir Klitschko,
Boxweltmeister, über das Thema Geschichten

Wladimir Klitschko zählt zu den erfolgreichsten Sportlern der Boxge-
schichte. Bereits im Jahr 1996 machte der Ukrainer als Amateur bei
den Olympischen Spielen in Atlanta auf sich aufmerksam, wo er die
Goldmedaille für sein Heimatland gewinnen konnte. Während seiner
Profizeit bestritt Wladimir Klitschko 69 Boxkämpfe, von denen er 64
gewann. Von 2000 bis 2003 sowie von 2006 bis 2015 war er Weltmeister im Schwergewicht – der am längsten amtierende Champion in der
Geschichte des Boxsports. Auf dem Höhepunkt seiner Karriere hielten
er und sein Bruder Vitali alle verfügbaren Weltmeistertitel auf einmal.
Wladimir war zeitgleich Champion der vier größten Boxverbände und
bestritt 29 WM-Kämpfe – ebenfalls Rekord. Seine beeindruckende Geschichte nahm Leopold Hoesch, der Emmy-Preisträger und Gründer von
Broadview TV, als Vorlage für den Kinofilm *Klitschko*, der 2011 in die
deutschen Kinos kam.

Doch auch nach seiner aktiven Boxkarriere ist Wladimir Klitschko
noch lange nicht im Ruhestand – im Gegenteil. Schon sieben Jahre vor
seinem letzten Kampf gegen Anthony Joshua arbeiteten er und seine
engsten Vertrauten im Hintergrund an seiner Karriere nach der Karriere. Mit Erfolg: Wladimir Klitschko ist heute ein erfolgreicher Unternehmer, der Gründervater eines Management-Studiengangs an der
Universität St. Gallen. Zusammen mit seinem Bruder gründete er die
Klitschko Foundation und hat bis dato 500 000 Kinder in der Ukraine
unterstützt, darüber hinaus ist er weltweit als bekannte und geschätz-
te Persönlichkeit gefragt. Kurzum: Der mehrfache Bambi-Preisträger
ist der lebende Beweis für eine echte Heldenreise: vom unbekannten
Boxtalent fernab des Rampenlichts zum gefeierten Weltstar mit Dok-
tortitel.

Herr Klitschko, Sie standen über 27 Jahre im Boxring, waren mehrfacher Weltmeister, haben große Siege errungen, bittere Niederlagen erlebt und haben nun Ihre Boxkarriere beendet. Wenn Sie zurückschauen: Hätten Sie sich eine schönere Geschichte ausmalen können?

Rückblickend möchte ich an meiner Geschichte nichts ändern, weil mein jetziges Ich das Resultat aus eben jenen Erfahrungen ist. Meine Höhen, aber gerade auch meine Tiefen haben mich zu dem gemacht, der ich heute bin. Natürlich bin ich nicht vollkommen und habe Fehler gemacht, aber genau das repräsentiert doch unsere Gesellschaft. Keiner von uns ist perfekt und wir alle machen Fehler. Wichtig ist, dass ich aus meinen Fehlern gelernt habe – und genau das möchte ich mit anderen Menschen teilen. Wäre ich als ungeschlagener Weltmeister zurückgetreten, wäre das nicht möglich. Ich hätte es nicht für möglich gehalten, dass ich trotz meiner Niederlage im letzten Kampf eine derartige Zuneigung meiner Fans und Mitmenschen erfahren würde. Mit ein wenig Abstand fühlt sich das alles richtig an, wie es war, und dient gleichzeitig anderen Menschen als Beispiel, dass es sogar gut ist, nicht (immer) perfekt zu sein.

Ihr Werdegang ist der Inbegriff einer echten Heldenreise nach dem bewährten Hollywood-Schema. Welche Eigenschaften braucht man, um eine so lange und intensive Zeit so erfolgreich zu gestalten?

Das ist ganz interessant, weil für mich das schillernde Hollywood gerade in meiner Jugend viel zu weit weg war, nicht nur geografisch. Ich musste meine eigene Geschichte schreiben.

In den letzten Jahren habe ich mir häufiger Gedanken über meinen bisherigen Lebensweg gemacht und bin zu der Erkenntnis gekommen, dass es vier Säulen gibt, auf denen mein langfristiger Erfolg beruht: **F**ocus (Konzentration), **A**gility (Beweglichkeit), **C**oordination (Koordination) und **E**ndurance (Ausdauer). Hieraus haben mein Team und ich die sogenannte F.A.C.E.-Methode entwickelt. Das sind die vier Säulen, auf die ich mich immer wieder beziehe und die mich körperlich wie mental stärken. Das Schöne dabei ist der einfache Transfer.

Wissen Sie, nach fast dreißig Jahren im Ring weiß ich, dass sich nahezu alle Erfolgseigenschaften im Sport eins zu eins auch auf die berufliche Karriere oder das Privatleben übertragen lassen – genau wie F.A.C.E. Wenn wir zum Beispiel über Beweglichkeit sprechen, ist eine schnelle Beinarbeit beim Boxsport ein elementarer Faktor. Auf der anderen Seite ist die Beweglichkeit auch immer eine Antwort auf die Frage: Wie mache ich es am besten? Denn immer dann, wenn sich Ziele, Herausforderungen oder Rahmenbedingungen verändern, zeichnen sich erfolgreiche Persönlichkeiten durch ein hohes Maß an Flexibilität aus. Vor allem in einer immer schnelleren und komplexeren Welt. Das Beste: Körperliche und geistige Beweglichkeit lassen sich trainieren.

Nach dem Hollywood-Drehbuch gibt es in jeder guten Story auch einen Mentor. Wer war Ihr Mentor und welchen Stellenwert hat er für Sie?

Mein Mentor ist meine Familie: meine Eltern, mein Bruder und meine Oma. Ihr zu Ehren trägt meine Tochter den Zweitnamen Evdokia. Ich bin jedoch an einem Punkt in meinem Leben, an dem ich Menschen selbst positiv beeinflussen und ihnen helfen will. Ich bin sehr glücklich und dankbar für die tolle Unterstützung meiner Familie, Freunde und Trainer in den letzten Jahrzehnten und möchte diese Werte weitergeben. Deshalb war mein letzter Kampf gegen Anthony Joshua auch etwas ganz Besonderes.

Ich habe Anthony vor Kurzem, ein Jahr nach dem Kampf, am exakt gleichen Ort im Wembley-Stadion wiedergetroffen und wir sprachen über den historischen Fight. Ich glaube, dass wir alle an diesem Tag Zeuge einer Geburtsstunde waren: seiner Geburtsstunde als neues Gesicht des Boxsports und der Geburtsstunde meiner zweiten Karriere. Ich habe an diesem Abend die Fackel der nächsten Generation überreicht – schöner hätte ich nicht abtreten können.

Zu einer großen Geschichte gehören auch Niederlagen. Wie bringt man sich Ihrer Meinung nach am schnellsten wieder zurück auf die Siegerstraße?

Das ist eine Frage der Einstellung. Ich kann jedem nur mit auf den Weg geben: Immer dann, wenn man denkt, dass etwas endet, ist es in Wirklichkeit nur ein Anfang.

Die Angst vor dem Scheitern ist bei vielen Menschen groß. Was können Sie diesen Menschen raten?

Zwei Dinge. Erstens: Habt weiter Angst. Angst hält uns wach und schärft unsere Sinne. Angst zu haben bedeutet nicht, feige zu sein – das ist ein großer und wichtiger Unterschied! Scheut keine Herausforderung, denn das ist immer ein Rückschritt. F.A.C.E the Challenge (zu Deutsch: Stell dich der Herausforderung). Zweitens: Was ist überhaupt Scheitern? Ist Christoph Kolumbus gescheitert, weil er Amerika und nicht Indien entdeckt hat? Immer wenn etwas angeblich gescheitert ist oder nicht wie erhofft funktioniert, gilt es, die Augen offen zu halten. Solange ich mich nach vorne bewege, wird immer etwas entstehen. Diese Dinge musst du erkennen.

Sie schreiben Ihre Geschichte aber auch in anderen Bereichen. Sie sind Doktor der Sportwissenschaften, politisch engagiert, ein gefragtes Werbegesicht und erfolgreicher Unternehmer – ein Multitalent. Woher ziehen Sie Ihre Motivation?

Ich würde mich als Bauchmenschen bezeichnen, der eine klare Philosophie verfolgt, aus der im Übrigen meine Methode von meinem Team und mir abgeleitet und entwickelt wurde. Ein Teil dieser Philosophie besteht darin, immer offen für Neues zu sein und – wie bereits beschrieben – keiner Herausforderung aus dem Weg zu gehen. Auf der anderen Seite mache ich mir zu allen Dingen meine eigenen Gedanken. Input von außen nehme ich gerne auf, frage sogar offen danach, am Ende bleibe allerdings ich der Herr meiner Entscheidungen.

Deshalb sind meine verschiedenen Tätigkeiten schnell erklärt: Mir geht es nicht um die Vielzahl an diversen Funktionen, die ich einnehme. Mir ist wichtig, dass ich mich mit den Werten und der Philosophie meiner Geschäftspartner oder eines Projekts identifizieren kann. Dazu gehört auch das Nutzen meines Wissens und nicht nur meines Image. Wenn das der Fall ist, bin ich dabei. Und das eben nicht nur mit meinem Gesicht in der Werbung – das reicht mir nicht. Ich möchte mich nicht auf meine Bekanntheit reduzieren lassen, sondern meine Qualitäten und Fähigkeiten eingesetzt wissen.

Das ist das BRAND-BUILDING-MODELL© mit den acht wichtigsten Tools für erfolgreiche Marken & Menschen. In jedem der acht Tools sind 1 bis 10 Punkte zu vergeben, wobei 1 »sehr schwach« und 10 »sehr stark« entspricht. Wie schätzen Sie Ihre Fähigkeiten als Person des öffentlichen Lebens in den einzelnen Bereichen ein?

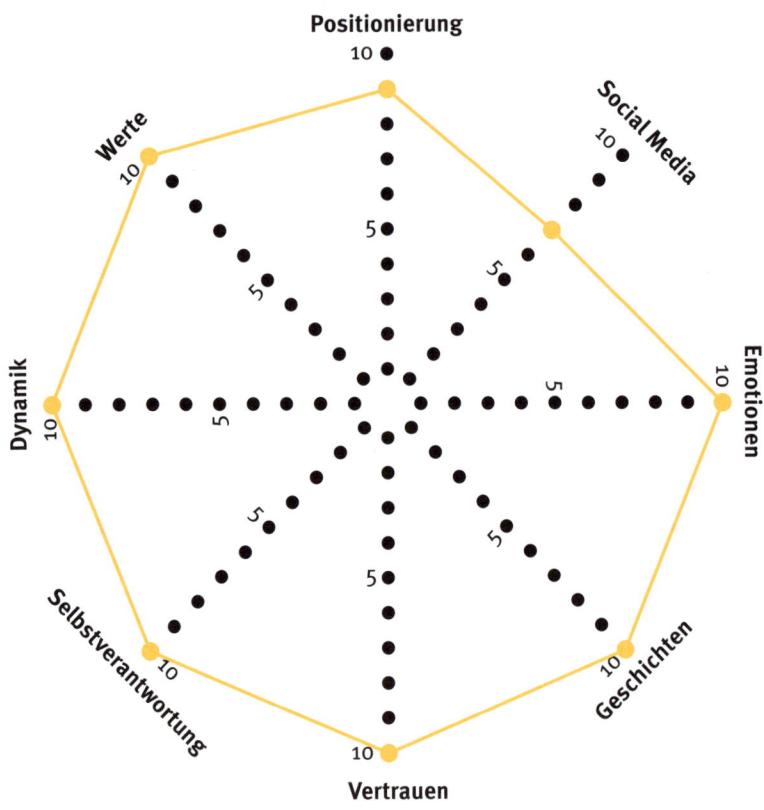

Bitte vervollständigen Sie folgenden Satz: Eine Geschichte, die mich fesselt und inspiriert, ist eine Story, die ...

... mich nachhaltig zum Lernen anregt und deren Learnings ich in meine Philosophie integrieren kann.

5.
Vertrauen:
Das Fundament deines Erfolgs

Meine Mutter hatte es nicht immer leicht mit mir. Mit sieben älteren Geschwistern lag es aber auch einfach in der Natur der Sache, dass ich in meinem jugendlichen Leichtsinn oft versuchte, als ewiger Jüngster den Respekt und die Anerkennung meiner Geschwister und der Nachbarskinder zu erringen – und das sicher nicht immer mit den schlausten Mitteln. Es war keine Seltenheit, dass besorgte Nachbarn oder erboste Lehrer bei uns an der Tür klingelten. In den meisten Fällen meinetwegen. Hausarrest blieb mir allerdings immer erspart.

Meine Mutter hatte eine ganz persönliche Art und Weise entwickelt, mit den zahlreichen Beschwerden umzugehen. Ich weiß bis heute nicht genau, wie sie die Zornesfalten der ungebetenen Gäste jedes Mal aufs Neue wieder glätten konnte – vielleicht will ich das auch gar nicht. Alles, was ich weiß, ist, dass sie mir vertraute. Immer. Vielleicht war dieses Vertrauen so authentisch, dass es auf die Nachbarn und Lehrer überschwappte, und der servierte Tee und Kuchen erledigten dann den Rest.

In meinen Ohren glichen diese Gespräche, die ich heimlich auf der Treppe belauschte, einer Aufmunterung, meinen eigenen Weg zu gehen. Auch wenn wir nie viel hatten, war uns die Unterstützung unserer Mutter sicher. In ihrer Welt waren wir perfekt, fehlerfrei. Alles, was sie wollte, war, dass wir unseren Träumen nachgehen. Sie hielt uns den Rücken frei. Solch ein Urvertrauen entfaltet Kräfte bei den Menschen, die es zu spüren bekommen. Heute kann ich sagen, dass sich jede Tasse Tee, jedes Stück Kuchen und jedes gute Wort ausgezahlt haben. Ich lebe meinen eigenen bescheidenen Traum. Nicht nur, dass ich mit meiner Frau und meinem Sohn in einer wunderschönen Münchener Altbauwohnung leben kann und wir ab und zu in den Urlaub fliegen. Ich kann in meinem Job vor allem anderen Menschen helfen – wie auch mit diesem Buch. Das ist auch dein Verdienst, Mutter.

Vorteile und Vorurteile

»Wer andern gar zu wenig traut, hat Angst an allen Ecken; wer gar zu viel auf andre baut, erwacht mit Schrecken«, schrieb einst der deutsche Dichter Wilhelm Busch und bringt es damit auf den Punkt: Vertrauen ist eine heikle Angelegenheit, denn auf der einen Seite ist Vertrauen die Basis jeder glücklichen Beziehung, ob beruflich oder privat. In Zeiten der »Lügenpresse«, des Datenklaus und der Bankenkrise zeigt das Vertrauen aber auch oft seine hässliche, schmerzhafte Seite. Wem sollen wir noch vertrauen, wenn die Medien angeblich nicht objektiv berichten? Wo sollen wir unser Geld anlegen, wenn es nicht einmal auf dem Sparbuch sicher ist? Gibt es überhaupt noch Dinge, die Google und Co. nicht über uns wissen? Ganz besonders dort, wo sich die Welt verändert, wird unser Vertrauen auf die Probe gestellt. Kein Wunder also, dass viele Experten im Zuge der fortschreitenden Digitalisierung und Globalisierung eine allumfassende Vertrauenskrise nahezu heraufbeschwören.

Seit 2001 untersucht das Magazin *Reader's Digest* mit der Trusted-Brands-Studie jährlich das Markenvertrauen der Deutschen. Das Ergebnis im Jahr 2018 ist deutlich: »Über alle Produktkategorien hinweg macht sich ein Rückgang des Vertrauens bemerkbar.«[34] Die GfK-Studie Trust in Professions bestätigt das steigende Misstrauen nicht nur gegenüber Marken, sondern auch gegenüber ganzen Berufsgruppen. Vor allem bei Politikern, Journalisten und Bankangestellten sind die Deutschen mehr als nur skeptisch.[35] Volkskrankheit Misstrauen? Das wäre vielleicht zu viel des Guten. Dennoch macht sich eine latente Grundskepsis in den Köpfen der Menschen breit. Verständlich, die Welt ist schließlich viel transparenter geworden. Fehler werden medial ausgeschlachtet, peinliche Videos der letzten Betriebsfeier auf Facebook geteilt, der letzte Suchverlauf im Internetbrowser kann Beziehungen zerstören und via Check24 hat jeder Mensch die Möglichkeit, jeden Anbieter mit anderen zu vergleichen, bevor er sich für ein Produkt entscheidet.

Ja, Vertrauen ist rar geworden, und genau deshalb ist es wichtiger denn je. Vertrauen nimmt dieser Welt ein Stück ihrer Komplexität, es macht Entscheidungen einfacher. Wer vertraut, der muss nicht stundenlang recherchieren, sondern er handelt. Vertrauen funktioniert auf Unternehmensebene, auf Produktebene und vor allem bei dir. Einfach ausgedrückt: Das Vertrauen der anderen ist dein Kapital. Menschen, die dir vertrauen, kommen immer wieder zu dir, bewerten dich positiver, stellen dich nicht pausenlos auf die Probe. Einen größeren Vorteil gegenüber deiner Konkurrenz gibt es nicht. Vertrauen ist das Fundament deiner Markenbildung.

Vertrauen lernen

Vertrauen ist keine Einbahnstraße, es ist immer wechselseitig zu verstehen. Der Knackpunkt: Bei einer wechselseitigen Tauschbeziehung besteht für eine Partei immer die Gefahr, enttäuscht zu werden. Je größer dabei die Angst deines Gegenübers ist, desto unwahrscheinlicher ist es, dass er sich auf das einlassen wird, was du ihm sagst – und umgekehrt. Stell dir vor, dass jeder Mensch mit einem imaginären Punktekonto ausgestattet ist. Je vertrauenswürdiger du einen Menschen einschätzt, desto mehr Punkte bekommt er. Mit jeder seiner Taten kann er weitere Punkte gewinnen, aber auch welche verlieren. Schon ein einfacher Facebook-Kommentar kann den Punktestand eines jeden Menschen erheblich beeinflussen.

Bevor wir uns damit beschäftigen, wie du es schaffst, dass andere Menschen dir vertrauen, sollten wir klären, wie du anderen Menschen vertrauen kannst, denn auch das hat einen enormen Einfluss auf deinen Erfolg.

Es gibt Menschen, die sich das Leben gerne einfach machen. Im puncto Vertrauen funktioniert das leider nicht. Immer wieder höre ich, wie Menschen von vornherein mit dem Schlimmsten rechnen, um am Ende bloß nicht enttäuscht zu werden. Das beginnt schon im Kindesalter beim

Selbstvertrauen, also dem Vertrauen in die eigenen Fähigkeiten. Jeder von uns hatte mindestens einen Mitschüler, der nach wirklich jeder Klausur heulend jedem erzählte, dass er ganz sicher eine Fünf geschrieben hat. Am Ende war er immer Klassenbester. So wurde er zwar nie enttäuscht, war aber bei den Klassenkameraden alles andere als beliebt.

Gleiches Spiel beim Fremdvertrauen. Wir alle kennen diesen Nörgler, der seinen Nachbarn am liebsten anzeigen würde, weil der seine Hecke nicht ordentlich geschnitten hat. Solche Menschen isolieren sich in ihrem Misstrauen gegen alles und jeden. Es gibt oftmals Gründe für so ein Verhalten, meistens durch Enttäuschungen in der Vergangenheit ausgelöst. Diese Verhaltensmuster sind aber keineswegs ein Phänomen der Moderne. »Der Mensch ist dem Menschen ein Wolf«, schrieb der Staatstheoretiker und Philosoph Thomas Hobbes bereits im 17. Jahrhundert. Er skizzierte damals ein animalisches, egoistisches Bild des Naturzustands des Menschen. Doch nicht nur die vier Jahrhunderte lassen diese Ansicht nicht mehr zeitgemäß wirken. Hobbes lebte in Zeiten des englischen Bürgerkriegs, heute leben wir im Luxus. Mit einer solch skeptischen Grundhaltung sicherst du heutzutage nicht mehr dein Überleben, sondern höchstens deine Einsamkeit. Glücklich wirst du so nicht und erst recht keine erfolgreiche Persönlichkeitsmarke, wie die folgenden drei Studien beweisen.

Vertrauen – eine Frage der Intelligenz

Die Forscher Noah Carl und Francesco C. Billari von der Oxford-Universität haben herausgefunden, dass intelligentere Menschen anderen schneller vertrauen. In ihrer Studie Generalized Trust and Intelligence in the United States testeten sie verschiedene Probanden anhand eines einfachen Tests.[36] Zur Ermittlung der Intelligenz wurden den Studienteilnehmern nacheinander Begriffe vorgelegt. Daraufhin sollten sie aus fünf Möglichkeiten das passende Wort auswählen, welches dem Hauptbegriff am nächsten kam. Anschließend wurden die Probanden befragt, ob sie der Meinung seien, dass ....

- man den meisten Menschen vertrauen könne,
- es darauf ankomme,
- oder man gar nicht vorsichtig genug sein könne.

Das Ergebnis: Probanden, die bei dem vorangegangenen Test die Höchstpunktzahl erreicht hatte, wählten zu 34 Prozent häufiger Antwort A. Diejenigen mit einer niedrigen Punktzahl waren im Schnitt skeptischer. »Intelligenz scheint etwas damit zu tun zu haben, ob wir anderen vertrauen«, lautete das Fazit von Noah Carl. Kurzum: Je intelligenter, desto größer das Vertrauen in andere Menschen.

Die Wissenschaftler erklären sich diese Ergebnisse so, dass intelligente Menschen eine bessere Menschenkenntnis haben beziehungsweise Situationen und Menschen besser einschätzen können. So seien die Probanden mit einem großen Vertrauen auch weitaus besser darin, gezielte und tiefere Beziehungen aufzubauen. Auch bei der Selbsteinschätzung, was Gesundheit und persönliches Glück anbelangt, schätzten sich diejenigen mit dem größeren Vertrauen gesünder und glücklicher ein.

Mehr Vertrauen = mehr Erfolg

Damit nicht genug: Jeffrey Butler, Paola Giuliano und Luigi Guiso stellten in ihrer Studie *The Right Amount of Trust* sogar fest, dass Menschen, die anderen mehr vertrauen, bis zu 20 Prozent mehr verdienen als diejenigen mit dem größten Misstrauen.[37] Zu viel Vertrauen sei hingegen auch schädlich. Menschen, die ihr Vertrauen mit dem Höchstwert angaben, verdienten ebenfalls nicht am besten. Die Spitzenverdiener gaben sich in puncto Vertrauen acht von zehn möglichen Punkten.

Übertriebene Skepsis schadet dir also nur. Das heißt nicht, dass du jedem Menschen blind vertrauen solltest. Doch gegen einen kleinen Vertrauensvorschuss ist nichts einzuwenden – im Gegenteil. Dein Vertrauen in andere Menschen schafft einen ganz besonderen Draht zu ihnen und füllt im besten Fall noch deine Brieftasche. So funktioniert erfolgreiches Netzwerken.

Vertrauenscode entschlüsselt

Auch in meiner Arbeit geht es um das Vertrauen – insbesondere zwischen meinen Kunden und mir. Ein bisschen möchte ich an dieser Stelle jedoch verraten. Die Medienbranche sucht neue spannende Formate: Das Thema »Vertrauen« wird im deutschen Fernsehen in den nächsten Jahren größer werden. Nicht als Thema der Nachrichten, sondern als Kerninhalt ganzer Spieleshows. Vorbilder gibt es dafür zahlreiche, beispielsweise aus England. Das Erfolgsformat heißt hier: »goldene Bälle«. Das Spielprinzip ist recht simpel. Stell dir einfach Folgendes vor: Du sitzt als Kandidat in der besagten Show und kommst in die letzte Runde. Mit dir am Tisch sitzt eine weitere Person und es geht um 100 000 Euro. Der Spielleiter gibt dir und der anderen Person – nennen wir sie Thomas – jeweils zwei Bälle. Auf dem einen steht »Teilen« auf dem anderen »Klauen«. Jeder von euch muss sich für eine der beiden Kugeln entscheiden, ohne dass der andere es sieht. Folgende drei Szenarien sind dabei möglich:

- Beide Spieler wählen den Ball »Teilen« und jeder geht mit 50 000 Euro nach Hause.
- Beide Spieler wählen den Ball »Klauen« und jeder geht ohne Geld nach Hause.
- Spieler 1 wählt den Ball »Teilen«, Spieler 2 den Ball »Klauen«. Spieler 1 geht leer aus, Spieler 2 sahnt den Gesamtgewinn ab.

Bevor du dich entscheiden musst, hast du die Möglichkeit, dich 60 Sekunden lang mit Thomas zu unterhalten, was ihr jetzt machen wollt. In dieser Zeit schwört Thomas, dass er die »Teilen«-Kugel wählen wird. Für welche Kugel entscheidest du dich?

Auf Youtube findest du etliche Videos dieser Spieleshow mit den teils extremsten Enden, die du dir vorstellen kannst. Es ist der ultimative Vertrauenstest und besonders hart mit anzusehen, wenn so etwas passiert.

https://m-vg.de/link/einzigartig_03

Dieses Horrorszenario, das du auf Youtube verfolgen kannst, wirft eine entscheidende Frage auf: Gibt es einen schnellen Weg herauszufinden, ob wir einem Menschen vertrauen können, ohne ihm einen Vertrauensvorschuss zu geben? Auch hierzu liefert die Wissenschaft eine Antwort, die dich mit Sicherheit überraschen wird. In der Tat ist das möglich. Und dafür brauchst du nur 20 Sekunden.

In einem Experiment luden die Forscher der Universität Kalifornien in Berkeley 24 Paare zu sich ein. Im Versuchsablauf bestand die einzige Aufgabe darin, sich zu unterhalten. Einer anderen Versuchsgruppe wurden 20-sekündige Clips dieser Unterhaltungen vorgestellt – allerdings wurden nur Videoaufnahmen von der zuhörenden Person gezeigt. Die Zuschauer sollten anhand der Gestik und Mimik nun bewerten, für wie vertrauenswürdig sie die gezeigte Person hielten. Das verblüffende Ergebnis: Bei den Personen, die als besonders vertrauenswürdig eingeschätzt wurden, wurde im Vorfeld durch eine DNA-Probe eine besondere Ausprägung des Hormons Oxytocin festgestellt.[38] Dieses »Vertrauenshormon« oder »Kuschelhormon«, wie es teils genannt wird, ist vor allem als Wehen- oder Frauenhormon bekannt und wirkt nachweislich prosozial. Das bedeutet, es stärkt das Einfühlungsvermögen, dämpft

Aggressionen und macht empathisch. »Zwar können wir Menschen keine Hormone sehen. Aber Menschen mit diesem Vertrauenshormon nicken mehr mit dem Kopf, halten länger Augenkontakt, lächeln häufiger und haben eine offenere Körpersprache. Und es sind genau diese Verhaltensweisen, die bei Fremden positiv auffallen und Vertrauen wecken«, kommentierte Studienleiter Aleksandr Kogan die Ergebnisse. Vertrauen ist somit zum Teil auch eine Frage der Wissenschaft. Du solltest jedoch nicht die falschen Schlüsse daraus ziehen. Ja, wenn du einer der Menschen bist, die über eine starke Ausprägung dieses Hormons verfügen, dann wirst du vermutlich intuitiv viele richtige Entscheidungen treffen, die dir das Vertrauen deiner Mitmenschen sichern – ob privat oder beruflich. Solltest du keiner der Glücklichen sein, kannst du dir trotzdem deren Vertrauen erarbeiten. Das beginnt schon, wie du bereits gelesen hast, bei deiner Gestik und Mimik. Dir stehen aber noch viele weitere Möglichkeiten zur Verfügung.

Vertrauen aufbauen und halten

Wie eingangs erwähnt, ist Vertrauen in der heutigen Zeit ein kostbares Gut geworden. Gerade für Topmanager kann das zu einem echten Problem werden, schreibt Keith Ferrazzi in *Harvard Business Review*.[39] Wieso? Weil in der heutigen Arbeitswelt ein Team keineswegs mehr in derselben Stadt, geschweige denn im selben Büro stationiert sein muss. Folgendes Szenario: Der Programmierer sitzt in Indien, der Marketingexperte in Köln, der Grafiker ist gerade auf Geschäftsreise in New York und du als Chef in München – das bedeutet Zeitverschiebungen, keine gemeinsamen Kaffeepausen und erst recht keine vertrauensschaffende Gestik oder Mimik, sondern maximal Emojis über Slack, Whatsapp oder E-Mail. Vertrauen kann trotzdem entstehen, behauptet Ferrazzi.

Nutze das »prompte Vertrauen«

Menschen sind ja in der Regel bereit, ihrem Gegenüber einen Vertrauensvorschuss zu gewähren. Das ist vor allem dann der Fall, wenn sich eine Gruppe von Menschen gerade erst formiert. Das dominierende Gefühl ist in dieser Phase meist, dass wir uns alle im gleichen Boot befinden. Das heißt, der mögliche Erfolg der Gruppe wird einen positiven Effekt auf alle haben, genauso wie das Scheitern jedem schaden würde. Verstärkt wird dieses Gefühl insbesondere, wenn die Gruppe unter einem hohen Leistungs- und Zeitdruck steht. So bleibt keine andere Wahl, als dem anderen zu vertrauen. Ferrazzi nennt diese positive Phase die Flitterwochen einer Beziehung. Der Nachteil ist, dass diese Flitterwochen schnell vorbei sein können. Deshalb gilt es, diese kurze Zeit optimal zu nutzen. Hierzu empfiehlt der Forscher zwei Dinge:

1. Es ist wichtig für den Manager, die Fähigkeiten der verschiedenen Teammitglieder zu betonen, sodass die anderen sich ein genaueres Bild machen können und das positive Urteil eines anderen (in dem Fall sogar vom Chef) hören, aber dazu später mehr.

2. Der Chef muss klare gemeinsame Ziele und klare Fristen definieren, die jeder im Team versteht.

Diese Technik ist ohne Probleme auf andere Konstellationen übertragbar – beispielsweise beim ersten Kundenkontakt. Es ist wichtig, dass du gleich zu Beginn dein Gegenüber auf deine Seite ziehst. »Ich Marke, du Kunde« funktioniert schon lange nicht mehr. Finde etwas, was ihr beide wollt. Definiere gemeinsame Ziele, auf die ihr hinarbeitet, und stell deine Fähigkeiten in den Vordergrund. Setz eine klare Target-List für einen kurzen Zeitraum und erledige diese Dinge sofort. Nur so wirst du dem prompten Vertrauen deines Gegenübers gerecht.

Erzähl deine Geschichte

Ein großer Fehler, den Chefs immer wieder machen, beginnt schon beim Lesen der Bewerbungsmappe möglicher Neuzugänge. Während der akademische und berufliche Lebenslauf bis ins Detail geprüft werden, wird der wichtigste Teil häufig übersehen: die Angaben zu den persönlichen Hobbys. Dabei sind es genau diese Leidenschaften, die unsere Persönlichkeit ausmachen. Die schönsten Geschichten finden doch, das haben wir schon festgestellt, außerhalb der Bürozeit statt. Genau diese Geschichten erzählen wir uns gerne in der Teeküche. Es ist die schönste und zugleich intensivste Art, seine Mitarbeiter und Kollegen kennenzulernen.

Manager sollten in ihren Mitarbeitern also in erster Linie den Menschen statt die Arbeitskraft sehen und das auch deutlich kommunizieren. Ferrazzi rät beispielsweise dazu, in Team- oder Telefonmeetings feste Storytelling-Zeiten zu vereinbaren, in denen die Mitarbeiter untereinander zu bestimmten Themen ins Gespräch kommen können. Im Endeffekt vertrauen wir doch am ehesten den Menschen, die uns nahestehen. Eine Geschichte kann genau diese Nähe schaffen. Deine Geschichte ist deshalb dein Kapital. Sie verschafft dir einen direkten Zugang zu deinem Chef, Partner, Kunden oder Mitarbeiter. Sie ist dein Alleinstellungsmerkmal, das bei deinen Mitmenschen garantiert besser in Erinnerung bleibt als deine Abiturnote (siehe dazu auch das Kapitel »Geschichten«)

Sei präzise und ehrlich

»Da weiß man, was man hat« lautet ein überaus erfolgreicher Werbespruch – aus gutem Grund. Wer vertraut schon gerne einem Mysterium? Das beginnt bei deiner Kommunikation und endet mit deinem Handeln. Es ist wichtig, dass du sagst, was du fühlst und denkst. Dein Gegenüber kann nicht in deinen Kopf schauen. Dein Schweigen wird für ihn immer Fragezeichen hinterlassen. Hab deshalb den Mut, ehrlich zu sein – auch wenn du einen Fehler gemacht hast. Gerade Manager, die eine Vorbildfunktion innehaben, sollten zu ihren Fehltritten stehen. Doch Vorsicht, die Dosis macht das Gift!

Logischerweise wirst du nicht gerade zum Publikumsliebling, wenn du jedem deiner Mitmenschen ungefiltert alles an den Kopf wirfst, was du gerade denkst. Auch bei der Kommunikation gilt: Qualität über Quantität. Ferrazzi erweitert die Gleichung sogar um einen weiteren Punkt: Vorhersehbarkeit. In einer global angelegten Studie fanden Sirkka L. Jarvenpaa und Dorothy E. Leidner heraus, dass ein Mangel an Vertrauen vor allem in den Teams auftrat, in denen die Kommunikation von Unregelmäßigkeit und Unzuverlässigkeit geprägt war.[40] Also oft dort, wo nur einige wenige Teammitglieder für einen Großteil der gesamten Kommunikation verantwortlich waren. Die Kommunikation in den Gruppen mit hohem Vertrauen zeichnete sich vor allem dadurch aus, dass jedes Gruppenmitglied regelmäßig Input gab und dabei zum Beispiel präzise angab, zu welchen Zeiten es nicht erreichbar sein würde. Das versteht Ferrazzi unter Vorhersehbarkeit: Zeig, dass du tust, was du sagst. Immer und immer wieder.

Nutze dein Netzwerk

Es klingt ernüchternd, aber den größten Teil deiner Zielgruppe wirst du in deinem Leben nie persönlich kennenlernen. Im Umkehrschluss bedeutet das für dich: Gestik, Mimik und direkte Kommunikation fallen flach, weil du sie schlichtweg nicht einsetzen kannst. Die gute Nachricht ist jedoch, dass du das gar nicht musst. In diesem Fall kann dir der sogenannte Social Proof helfen – oder die Macht der Masse, wie man auch sagt. Kaum ein Mensch kann sich vor dieser Macht schützen, ich auch nicht. Aber das versuche ich auch gar nicht, ich nutze sie sogar im Urlaub.

Vor kurzem war ich mit meiner Familie nach langer Zeit wieder in Mailand. Eine wunderschöne Stadt mit noch viel grandioseren Restaurants. Das Problem war leider, dass ich als Tourist den Wald vor lauter Bäumen nicht sah. Welches Restaurant in der Nähe der Altstadt war das Richtige? Alle Lokale, die ihre Speisen mit Fotos abbildeten, sortierte ich aus. Bei der übrigen Auswahl schaute ich einfach, wo die meisten Menschen saßen – am besten Einheimische. Denn dort, wo sie essen gingen, konnte es nicht so schlecht sein, oder? Mit dieser Taktik lag ich mit nur wenigen Ausnahmen richtig.

Heutzutage geht das alles noch viel schneller. Via Tripadvisor und ähnliche Apps können Reiselustige die Meinung Tausender Besucher zum Restaurant X oder Hotel Y vorab lesen. Was hat das mit deiner Marke zu tun? Ganz einfach: Fünf von fünf Sternen schaffen Vertrauen. Und Menschen, die dich schätzen, sind deine beste Werbung. Je mehr Menschen von dir überzeugt sind, desto mehr Menschen werden auf dich aufmerksam. Social Proof ist also dein positiver Schneeballeffekt. Keine Werbebroschüre der Welt wird bei deinem potenziellen Kunden mehr Vertrauen schaffen können als die Empfehlung seines besten Freundes. 1000 positive Kundenbewertungen auf einem Internetportal sind kostenlos und in der Regel weitaus effektiver als eine teure Werbekampagne. Ein Prominenter oder Experte, der dein Produkt in der Öffentlichkeit nutzt, kann deine Verkäufe in die Höhe schießen lassen. Gerade in Zeiten von Social Media ist der Social Proof mächtiger denn je. So mächtig, dass es teilweise bedenkliche Züge annehmen kann, wie das folgende Experiment verdeutlicht.

https://m-vg.de/link/einzigartig_04

Fazit: Vertrauen

→ Vertrauen ist die Basis aller beruflichen und privaten Beziehungen und vereinfacht eine immer komplexere Welt. Es ist das emotionale Band zwischen dir und deiner Zielgruppe, das eine Entscheidung zu deinen Gunsten beeinflusst.

→ Vertrauen ist heutzutage rar geworden – Skepsis macht sich aufgrund der Digitalisierung und Globalisierung bei vielen Menschen breit. Deshalb wird die Errichtung einer soliden Vertrauensbasis zunehmend wichtiger.

→ Vertrauen ist immer als Wechselbeziehung zu verstehen, in der beide Seiten theoretisch enttäuscht werden können.

→ Es gibt eine Fülle von Studien, die belegen, dass es sich für dich lohnt, anderen Menschen zu vertrauen. Zu großes Misstrauen isoliert dich hingegen.

→ Neben der Gestik und Mimik spielt deine Art der Kommunikation eine wichtige Rolle. Eine offene Körperhaltung, Augenkontakt und freundliches Lächeln sind Basics der Vertrauensbildung.

→ Es gibt etliche Möglichkeiten und Techniken, das Vertrauen deiner Mitmenschen zu gewinnen.

Interview mit Carolin Nicola Henseler,
TV-Moderatorin, zum Thema Vertrauen

Carolin Nicola Henseler gehört trotz ihres jungen Alters zum festen Inventar der deutschen Medienszene. Die attraktive Blondine hat sich dabei vor allem als Multitalent einen Namen gemacht. Als Moderatorin und Videoproduzentin ist sie derzeit für Hubert Burda bei Bunte.de im Einsatz. Zuvor war sie unter anderem bei Sport1, ProSieben und Sat.1 vor und hinter der Kamera tätig. Carolin Henseler ist damit ein Vorbild für viele junge Frauen, die im umkämpften Medienmarkt Fuß fassen wollen. Denn neben ihrer offenen und vor allem authentischen Art glänzt sie durch hohes Fachwissen, akademische Qualifikationen und ihren Ehrgeiz. Bei ihrem Bachelor-Studium in Kommunikationswissenschaften an der Ludwig-Maximilians-Universität (LMU) in München zählte sie zu den Jahrgangsbesten. Darüber hinaus absolvierte Henseler ein Schauspielstudium am renommierten Lee Strasberg Theatre and Film Institute in Los Angeles. Mit ihren Auftritten beim Frauennetzwerk *Business Women's Society* setzt sie zudem ein Zeichen für die Gleichberechtigung von Frauen.

Frau Henseler, Studium mit Auszeichnung, TV-Moderation, Gastdozentin an der LMU. Sie sind ein Vorbild – gerade für junge Frauen, die noch am Anfang ihrer Karriere stehen. Was können Sie diesen mit auf den Weg geben?

Gerade für junge Frauen gibt es, glaube ich, sechs Dinge, die ganz wichtig sind. Als Erstes – das ist die Basis von allem – steht harte Arbeit. Es klingt schon sehr abgedroschen, aber es stimmt: Von nichts kommt nichts. Zweitens: Lernen, lernen und nochmals lernen. Geht mit offenen Augen durch die Welt und versucht alles wie ein Schwamm aufzusaugen. Sei es in der Schule, im Studium, in der Ausbildung oder bei Zusatzqualifikationen. Verlasst euch bloß nicht auf Oberflächlichkeiten. Schönheit und Kontakte sind vergänglich. Alle Qualitäten, die ihr euch hingegen selbst aneignet, kann euch keiner nehmen. Drittens: Stand out! Wer nicht auffällt und in der Masse mitschwimmt, wird übersehen.

Ich bin der festen Überzeugung, dass Mut belohnt wird. Es geht darum, nach vorne zu gehen. Man kann schon mit kleinen Dingen herausstechen. Traut euch! Viertens: Sucht euch Mentoren! Ich bin sehr froh, dass ich tolle Menschen in meinem Leben hatte und immer noch habe, die mich inspirieren, motivieren und mir Halt geben. Geht offen auf solche Menschen zu, die ihr bewundert. Meistens werdet ihr auf offene Ohren stoßen. Das muss nicht direkt der Vorgesetzte sein. Es kann im Kleinen anfangen, beispielsweise mit einem Uni-Kollegen, der Dinge besser kann als ihr. Keiner von uns ist perfekt, wir können zu jeder Zeit neue und wichtige Dinge dazulernen. Inspirierende Persönlichkeiten in eurem Umfeld helfen euch dabei. Fünftens: »Teamwork makes the dream work!« Ich habe oft erlebt, dass Menschen sich wichtiger machen, als sie sind – gerade in der Medienbranche. Doch ein gutes Produkt wird immer nur im Team geschaffen. Lasst deshalb euer Ego zu Hause und versteht das Team als Chance. Respekt gebührt jedem Menschen, völlig unabhängig von seinem beruflichen Status oder anderen Dingen. Sechstens: »Seek respect, not attention. It lasts longer« – Respekt bleibt, Effekthascherei ist schnell vergessen.

Wenn Sie Ihren eigenen Weg Revue passieren lassen, welche Rolle spielt Selbstvertrauen, um erfolgreich zu werden?

Eine ganz große Rolle! Ohne eine gesunde Portion Selbstvertrauen wäre ich nicht dort, wo ich heute glücklicherweise stehe. Selbstvertrauen hat auch immer einen schönen Rückkopplungseffekt: Sobald du selbstbewusst bist und dir größere Herausforderungen suchst, die du meisterst, gibt dir das noch mehr Selbstbewusstsein. Einige Menschen haben von Natur aus diese Fähigkeit. Andere müssen sich Selbstbewusstsein aneignen. Mir hat der berüchtigte Sprung ins kalte Wasser dabei sehr geholfen. Natürlich war ich vor meinen ersten Interviews auf dem roten Teppich enorm nervös, aber im Endeffekt entsteht der Druck fast ausschließlich im Kopf. Wer sich dessen bewusst ist, geht mit einer viel offeneren Ausstrahlung auf seine Mitmenschen zu, was diese wiederum spüren. Die Angst zu scheitern sollte immer kleiner sein als der Spaß an der Sache.

Gerade für Sie als Moderatorin ist Vertrauen elementar. Schließlich arbeiten Sie permanent mit Menschen vor der Kamera. Wie schaffen Sie es, schnell ein Vertrauensverhältnis zu Ihrem Gegenüber aufzubauen?

Ich selbst trage eine wahnsinnig ehrliche Menschenliebe in mir – ich liebe es, mit Menschen zu arbeiten. Jeder Interviewpartner, egal ob Promi oder nicht, steht in diesem Moment im Mittelpunkt. Ich lasse mich gerne auf andere Menschen und deren Geschichten ein, weil mich das fasziniert. Wer das ehrlich und aufrichtig verkörpert, gibt seinem Gegenüber damit die bestmögliche Einladung, sich zu öffnen. Sobald Menschen merken, dass das Eigeninteresse des Gegenübers oberste Priorität hat, entsteht Distanz. Gerade für mich als Journalistin ist das ein zentraler Punkt.

Darüber hinaus gibt es natürlich Interviewstrategien. Um ehrlich zu sein, halte ich aber nicht viel von starren Vorgaben. Am Ende zählen Menschenliebe und das ehrliche Interesse an der Persönlichkeit des Gegenübers. Deshalb ist es unerlässlich, dass wir keinen Menschen vorab in eine Schublade stecken. Die Geschichten, an die man völlig offen herangeht, sind meist die schönsten.

Hatten Sie einen Moment, in dem Ihr Interviewpartner nicht zufrieden war mit Ihrer Arbeit? Und falls ja, wie sind Sie damit umgegangen?

Glücklicherweise hatte ich das noch nicht. Was aber natürlich vorkommt, ist, dass ich Interviewpartner habe, denen ich unangenehme Fragen stelle. Beziehungs- oder Geldthemen können durchaus heikel sein. In solchen Situationen nehmen die meisten Interviewgäste verständlicherweise eine Schutzhaltung ein. Was dagegen hilft? Respekt. Bei meiner Arbeit darf es nie um Selbstprofilierung, um eine möglichst brisante Story oder um Häme gehen. Es geht um das ehrliche Interesse an dem Menschen.

Ohnehin ist das Thema Vertrauensverlust sehr aktuell – gerade im Verhältnis Medien und Nutzer. Wie kämpfen Sie gegen dieses Misstrauen an?

Nichts geht über eine saubere Recherche. Leider hat sich gerade in der Online-Welt die Handhabe etabliert, möglichst schnell zu sein. Meldungen werden schnell abgeschrieben und ohne weitere Kontrollinstanzen hochgeladen – natürlich entstehen da Fehler. Lieber langsamer, aber dafür fundiert, anstatt schnell und inkorrekt. Gerade im Zeitalter von Google und Co. war es nie wichtiger, wieder selbst den Telefonhörer in die Hand zu nehmen und alles genau zu prüfen, was im Internet kursiert. Das sind die Basics für guten Journalismus.

Das ist das BRAND-BUILDING-MODELL© mit den acht wichtigsten Tools für erfolgreiche Marken & Menschen. In jedem der acht Tools sind 1 bis 10 Punkte zu vergeben, wobei 1 »sehr schwach« und 10 »sehr stark« entspricht. Wie schätzen Sie Ihre Fähigkeiten als Persönlichkeitsmarke in den einzelnen Bereichen ein?

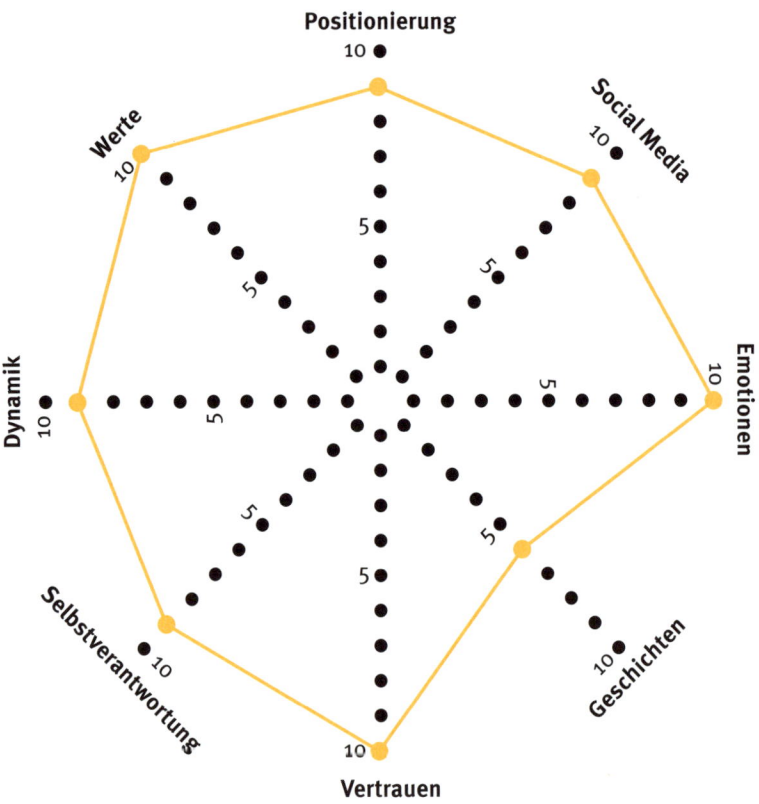

Bitte vervollständigen Sie folgenden Satz: Vollstes Vertrauen zwischen zwei Parteien herrscht dann, wenn …

… Kommunikation und Aktion im Einklang miteinander sind.

6.
Dynamik:

Heute schon im Morgen

Ich erinnere mich an einen ganz besonderen Sommerabend vor ein paar Jahren – meine Frau und ich waren gerade in unserer Ferienunterkunft in Südfrankreich angekommen, saßen auf der malerischen Veranda des Ferienhauses und planten unseren Urlaub. Doch die zündende Idee blieb aus. Für solche Fälle ist es gut, einen Joker parat zu haben. In meinem Fall war es ein Telefonjoker – mein Trauzeuge und Geschäftsführer der Abc-Mediengruppe Winfried Rothermel.

In den folgenden fünf Minuten geschah dann ungefähr Folgendes: »Wo bist du?«, lautete seine erste Frage, die er immer stellt. Augenblicke später war ein dritter Teilnehmer in der Leitung: der Künstler Stefan Szczesny. Und wiederum kurze Zeit später lud dieser uns zu sich nach Hause ein. Die Privatführung durch sein Atelier und das köstliche Abendessen in Saint-Tropez werden meine Frau und ich nie vergessen. Es ist nur eine von vielen verrückten Geschichten, die mit »Winni« begannen.

Die *Wormser Zeitung* schrieb einst über Winfried Rothermel, Kontakte knüpfen sei wie ein Sport für ihn.[41] Ich weiß, dass er der Meister darin ist. Niemand hat mehr Kontakte in seinem Handy eingespeichert. Niemand ist besser vernetzt. Zum SAP-Gründer Dietmar Hopp pflegt er eine tiefe Freundschaft, mit DFB-Nationaltrainer Jogi Löw ist er ebenfalls per Du und zwischendurch organisiert er eben meinen Urlaub in Südfrankreich. »Winni« ist ein Macher, stets auf der Höhe und immer auf der Suche nach neuen Abenteuern – die wandelnde Dynamik auf zwei Beinen, weil alles a) auch wirklich gemacht wird und b) das auch wahnsinnig schnell. Wenn ich ihn um etwas bitte, weiß ich, dass es gemacht wird. Nicht morgen, nicht übermorgen, sondern jetzt. Jeder von uns kann sich davon eine Scheibe abschneiden. »Geht nicht, gibt's nicht« ist sein Motto. Manchmal frage ich mich, ob seine Tage 25 Stunden haben. Ich würde mich nicht wundern, wenn es so wäre.

Höher, weiter und immer schneller

Stell dir vor, du stehst vor dem Brandenburger Tor und gehst 30 Schritte in Richtung Osten. Jeder deiner Schritte ist dabei doppelt so lang wie der vorherige. Dein erster Schritt ist also einen Meter lang, der zweite Schritt zwei Meter und der dritte Schritt vier Meter. Wie weit kommst du? Bis zum Hotel Adlon? Bis zum Alexanderplatz? Oder vielleicht doch bis zur polnischen Grenze? Alles falsch. Du würdest über 536 870 Kilometer weit reisen und mehr als 13 Mal die Welt umrunden. Für uns Menschen ist das zunächst schier unvorstellbar, weil unser Gehirn anders programmiert ist: Es denkt gerne linear. Dieses Beispiel zeigt jedoch eindrucksvoll die Macht des exponentiellen Wachstums und beschreibt die Welt, in der wir uns gerade befinden.

Alles ist schneller, hektischer, dynamischer – die sogenannten Meilensteine der Menschheitsgeschichte sind keine Frage mehr von Generationen, sondern von Tagen. In der Steinzeit war noch das Feuer, dann 9000 vor Christus der Ackerbau und 5000 Jahre später das Rad – allesamt kleine und langsame Schritte, die sich im Zuge der industriellen Revolution Ende des 18. Jahrhunderts und vor allem im 19. Jahrhundert signifikant beschleunigten. Der technische Fortschritt sorgte für neue Firmen, die Arbeitskräfte benötigten. Die Folge: höhere Löhne, geregelte Arbeitszeiten und eine weitaus bessere Gesundheitsversorgung als zuvor. Die Lebensqualität vieler Menschen verbesserte sich schlagartig, während die Sterberate zurückging. Damals waren es bahnbrechende Erfindungen wie die Dampfmaschine, Eisenbahnen, Automobile oder neuartige Medikamente, die den Fortschritt, Konsum und damit auch den Wirtschaftskreislauf immer stärker befeuerten. Zwischen 1900 und 2000 wuchs die Weltbevölkerung dreimal schneller als in der gesamten Menschheitsgeschichte zuvor – von 1,5 Milliarden Menschen auf über 6 Milliarden. Heute sorgen die Innovationsschmieden aus dem Silicon Valley fast täglich für neue Meilensteine. Facebook, Google, Amazon – sie alle stehen für das, was wir gestern noch für die Zukunft gehalten haben und was heute bereits zum Alltag gehört: Cloud, Big Data, Virtual Reality.

Aber nicht nur die Erfindungen an sich nehmen zu, sondern auch deren Verbreitung wird immer schneller: Das Rad hat über 500 Jahre gebraucht, um in die Serienproduktion zu gehen, das Radio 38 Jahre, um die ersten 50 Millionen Nutzer zu erreichen, und das Internet nur sieben Jahre, um flächendeckend genutzt zu werden. Apps wie Pokémon Go benötigten sogar nur 19 Tage.[42] Bereits im Jahr 1965 prophezeite der Intel-Mitbegründer Gordon Moore diese rasante Entwicklung in Zeiten der Digitalisierung: »Die Anzahl an Transistoren, die in einen integrierten Schaltkreis festgelegter Größe passen, verdoppelt sich etwa alle zwei Jahre«[43], schrieb er damals und behielt damit über 50 Jahre lang recht. Zum Vergleich: 1950 war die »Z4« der einzige funktionierende Computer in Kontinentaleuropa. Würde man heute versuchen, die gesamte Leistung eines iPhones in den Z4-Computer einzubauen, bräuchte man die Fläche von ganz Berlin.

Für Marken entsteht so ein Umfeld größerer Risiken, aber auch Chancen. Nie war es für dich gefährlicher, in der Masse unterzugehen, und nie war es einfacher, aufzufallen. Ja, die Welt ist vor allem eines geworden: dynamischer.

Nostalgie-Romantik und Innovationsfantasien

Das schürt Ängste. Logisch, denn je schneller es wird, desto mehr Menschen bleiben auf der Strecke. Es ist paradox: Auf der einen Seite die Digitalisierung, Schnelllebigkeit und Reichtum im Überfluss, auf der anderen Seite die Sehnsucht nach der Vergangenheit, mit der heutzutage erfolgreich Politik gemacht wird. »Make America great again« ist ein Paradebeispiel für genau das, was Wissenschaftler »Rosige-Vergangenheit-Verzerrung« nennen.

Bereits Ende des letzten Jahrhunderts zeigten der Forscher Terence Mitchell und seine Kollegen in einer Serie von Studien, dass Menschen im Nachhinein gern meinen, ihre Erlebnisse seien interessanter und schöner gewesen, als sie es tatsächlich waren.[44] Wir verdrängen gerne negative Aspekte. Was bleibt, sind die schönen Erinnerungen. Vor allem im Alter nimmt die Nostalgie-Romantik weiter zu. Dabei merken wir meist nicht, wie fehlerhaft unser emotionales Gedächtnis arbeitet, und haben deswegen ein enormes Vertrauen in die Zuverlässigkeit unserer Erinnerungen. Dass es uns so gut geht wie noch nie zuvor in der Menschheitsgeschichte, wird dabei gerne vergessen. Politiker nutzen das aus: »Zurück zur alten Stärke«, »Weniger Europa und mehr Deutschland« – die Wahlsprüche variieren, der Inhalt bleibt identisch und findet scheinbar großen Anhang in der Bevölkerung.

Für Marken entsteht so ein Drahtseilakt aus Innovation und Kundennähe. Wie viel Veränderung tut tatsächlich gut? Wie viel Dynamik schadet der Marke? Wo hört Aufregung auf und wo beginnt die Entfremdung? Menschen lieben Kontinuität und Stabilität, sehnen sich jedoch auch nach Abwechslung. Eine Universallösung gibt es nicht – doch Tradition und Innovation müssen sich gar nicht ausschließen. Im Gegenteil.

(K)ein Schritt zurück

Vorab: Die Außendarstellung einer Marke hat rein gar nichts mit den internen Arbeitsprozessen zu tun. Ein Produzent für Smartphones beispielsweise, der im Nostalgiewahn beschließt, den E-Mail-Verkehr und Internetzugang der Mitarbeiter zu unterbinden, um wieder auf Briefe mit Tinte zu setzen, ist weder hip noch cool, sondern in kürzester Zeit Geschichte. Da kann das eigentliche Smartphone noch so modern sein.

Netflix wird seinen Streaming-Dienst auch nicht einstellen, um die neuesten Filme und Serien im Programm wieder per DVD zu verschicken wie früher. Ein moderner Onlineshop hingegen, der Vintage- und Secondhand-Klamotten vertreibt, kann zum viralen Hit werden. Bestes Beispiel ist dafür der Online-Modehändler Asos, das britische Pendant zu Zalando. Neben trendigen Markenklamotten aus den aktuellen Kollektionen bietet die Shopping-Plattform auch den sogenannten Marketplace an. Hier finden Sparfüchse große Marken für den schmalen Taler, wie Burberry-Mäntel aus den 1990er Jahren für gerade einmal 100 Euro.[45]

Einfach gesagt: Nach außen hat jede Marke die freie Entscheidung, ob sie sich innovativ, traditionsbewusst oder als Mix aus beidem präsentieren will. Hinter den Kulissen stellt sich diese Frage jedoch nicht. Die überaus erfolgreichen Startups Mymüsli und Littlelunch schwelgen beispielsweise nach außen ebenfalls in Erinnerungen. Müsli, Suppen und Eintöpfe haben auf den ersten Blick ziemlich wenig mit Innovation zu tun und erinnern eher an gute alte deutsche Hausmannskost. Das Vertriebssystem dieser Unternehmen ist jedoch alles andere als altbacken. US-Präsident Donald Trump beispielsweise steht wie kaum ein anderer Mensch für das Verlangen nach Tradition und Ordnung. Das hält ihn und sein Team jedoch nicht davon ab, die sozialen Plattformen zu nutzen. So unangebracht seine Aussagen auch sein mögen, du findest sie auf Twitter – in Echtzeit, direkt und deshalb irgendwie echt. Für dich bringen diese technologischen Veränderungen immense Chancen mit sich. Dabei gilt: Neues muss nicht unbedingt fremd wirken und »vintage« muss nicht zwangsläufig altbacken sein.

Dynamik in allen Facetten

Doch wie schaffen es erfolgreiche Marken, das Gefühl der Vertrautheit in den Köpfen und Herzen ihrer Kunden zu bewahren, auch wenn die Marken sich wandeln? Und wie wandeln sie sich andererseits rasch genug, um nie altmodisch zu wirken? Die Mischung macht's. Die Lösung kann, muss aber nicht in neuen Produkten liegen. Auch bestehende Produkte stetig weiterzuentwickeln, kann zum Erfolg führen. Gerade jüngere Menschen vergessen das. Der Drang nach etwas Neuem ist groß, sich neu zu definieren ist spannend, der Ist-Zustand wirkt dagegen eher langweilig. Dabei kann eine solide Basis ein großer Vorteil sein.

Es gibt Gründe dafür, warum große Marken wie Mercedes, Maggi oder Coca-Cola seit Jahrzehnten bestehen oder bekannte Persönlichkeiten wie Günther Jauch oder Stefan Raab über Jahre das deutsche Fernsehen dominiert haben und im Falle von Günther Jauch nach wie vor tun. Solche Marken sind echte Grenzgänger – sie bleiben spannend, entwickeln sich weiter – zum Teil auch durch neue Produkte und Produktvariationen –, bleiben sich aber stets treu. Stefan Raab beispielsweise errichtete auf der Basis seiner Fernsehsendung *TV Total* ein Portfolio an Shows, die über Jahre die deutsche Fernsehunterhaltung prägten: *Schlag den Raab*, *Wok-WM*, *TV Total Turmspringen* und viele weitere. So unterschiedlich die Shows an sich auch waren, im Kern konnten sich die Zuschauer immer wieder auf das Gleiche freuen: Jede Menge Star-Power und ein polarisierender Raab, der in seiner unnachahmlichen Art für jeden Spaß zu haben war.

Coca-Cola: Zero Zucker, 100 Prozent Dynamik

Neuerungen funktionieren aber nur dann, wenn eine Marke genau weiß, wofür sie in den Köpfen ihrer Kunden steht und was diese wirklich wollen. Mit der Zeit können sich genau diese Wünsche auch ändern. Denk an die LOHAS aus dem Kapitel »Werte«, also die stark wachsende Konsumentengruppe, die besonderen Wert auf Nachhaltigkeit und Gesundheit legt. Es ist nicht gerade verwunderlich, dass flüssiger Würfelzucker – so kann man die traditionellen Inhaltsstoffe der Coca-Cola durchaus umschreiben – bei diesen Menschen eher weniger gut ankommt. Was sind also die Optionen?

»Unterlassen«, behaupten viele Experten. Und in der Tat ist das eine Strategie von erfolgreichen Unternehmern. Dort, wo Veränderungen eher der Selbstprofilierung dienen, anstatt den Kundenbedürfnissen gerecht zu werden, sollten Manager das Weite suchen. Marken, die jeden Trend mitmachen, sind im Endeffekt nichts anderes: eine Trenderscheinung. Und was definiert einen Trend? Richtig, dass er irgendwann auch wieder aufhört. Kontinuität ist auf der anderen Seite jedoch nicht mit Sturheit zu verwechseln. Sicherlich sagt dir das Sprichwort »Never change a winning Team« etwas. Das stimmt, aber auch das beste Team bleibt nur dann erfolgreich, wenn es regelmäßig trainiert, sich seiner Stärken und Schwächen bewusst ist. Erinnere dich an die SWOT-Analyse im Kapitel »Selbstverantwortung«. Zwei Fragen sind dabei für dich von besonderer Bedeutung:

1. Was sind deine Kernkompetenzen?
2. Welche Veränderungen auf deinem Markt schätzt du als wirklich nachhaltig ein?

Im Falle von Coca-Cola ist die erste Frage einfach zu klären. Es ist nun mal das zuckerhaltige Getränk. Kein Grund zur Panik. Die Lösung ist es eben nicht, in blinden Aktionismus zu verfallen. Viel zu viele Chefetagen schielen in kritischen Zeiten auf die Konkurrenz, statt die eigene

Marke zu pflegen. Stell dir vor, Coca-Cola würde auf einmal nur noch Frucht- und Gemüse-Smoothies produzieren. Zwar waren die Absätze der traditionellen Coca-Cola in den vergangenen Jahren leicht rückläufig, aber immer noch gigantisch hoch. Fakt ist aber auch, dass die LOHAS-Bewegung keine Eintagsfliege ist. Die Lösung: Ein Mix aus beidem. Das Beste behalten und Vielversprechendes hinzufügen. Resultate kommen dabei nicht über Nacht, Dynamik bedeutet auch immer die Bereitschaft, Prozesse einzuleiten. Die traditionelle Coca-Cola bleibt also unberührt. Dem Erfolgszug der Nullzucker-Variante Coke Zero tut das keinen Abbruch. »Wir haben erkannt, dass zu viel Zucker nicht für jeden gut ist, und wollen das in unserem Sortiment auch zeigen«, erklärt Coca-Cola-Boss James Quincey den neuen Weg des Konzerns – über 500 Getränkerezepturen sollen in der nächsten Zeit verbessert werden. Bis zum Jahr 2020 will der Konzern den Zuckergehalt in allen seinen Getränken im Schnitt um 10 Prozent reduzieren.[46] Die »Sweetener Challenge« des Limonadenherstellers ruft Forscher sogar dazu auf, kalorienarme oder kalorienfreie Süßstoffe auf natürlicher Basis zu entwickeln. Das Preisgeld: eine Million US-Dollar.[47]

Dynamik bedeutet nicht, deinen Markenkern zu verraten. Auch du hast deine Qualitäten, deine ganz eigene Identität. Diese gilt es in erster Linie zu schützen, weil sie dich einzigartig macht. Jedes Mal, wenn du dich neu definieren willst, gehst du ein Risiko ein. Ein solches Experiment kann gut gehen oder auch scheitern, wie du aus der Unternehmenswelt lernen kannst.

Markenexperimente: Trial and Error

Es gibt eine Fülle von Marken, die solche Markenexperimente hinter sich haben und gerade dabei sind. Einige von ihnen sind grandios gescheitert: Eine Gruppe sind dabei diejenigen, die Veränderungen nicht schnell genug erkannt haben. Die zweite Gruppe bilden die Marken, die es übertrieben haben.

Stur und blind – warum Nokia und Hollister scheiterten

Es gab eine Zeit, in der Nokia-Klingeltöne an jeder Straßenecke zu hören waren. Die Jahrtausendwende – der Anfang des flächendeckenden Mobilfunks – war auch die Zeit, in der der finnische Handy-Gigant der unumstrittene Marktführer war. Nokia war damals so etwas wie das Paradebeispiel eines dynamischen Unternehmens: 1865 als Papierhersteller gegründet, produzierte der Konzern zwischenzeitlich Gummistiefel und Autoreifen, bis es das Handy für sich entdeckte. In dieser Zeit wuchs der Markt in einem rasanten Tempo – und jedes dritte Handy war von Nokia.[48]

Doch dann kam Apple. Und mit Steve Jobs hielten Smartphones mit Touchscreens, mobilem Internet und Apps Einzug in den Alltag der Menschen. Nokia hat das alles verschlafen und dachte lange Zeit, man könne die Konkurrenz auch im Nachhinein noch einfach ausschalten. Ein fataler Trugschluss. Aus den einstigen Trend-Handys wurde erst Billigware für Schwellenländer in Afrika und Asien und mittlerweile Elektroschrott. Als Nokia verzweifelt versuchte, den Rückstand zur Konkurrenz aufzuholen, war es schon viel zu spät. Für die Konsumenten waren SMS, Telefonate und Snake einfach nicht mehr genug.

Die einstige Trend-Modemarke Hollister erlitt ein ähnliches Schicksal. Über Jahre repräsentierten die Klamotten das California-Feeling wie keine andere Marke. Vor den Läden standen die Menschen Schlange wie vor einer Diskothek, im Eingang standen Male Models mit Six-Pack in Badehosen und im Laden roch es überall nach dem hauseigenen Parfüm. Hollister war der letzte Schrei einer ganzen Generation – und musste erleben, dass Ruhm gerade in der Modewelt schneller vorbei sein kann, als die neue Kollektion auf den Markt kommt. Nämlich als die Unternehmensführung den Klamotten genau das nahm, was sie bei den jungen Leuten so beliebt gemacht hatte: die Exklusivität.

Hollister hatte auf dem Heimatmarkt Blut geleckt, wollte immer mehr und expandierte nach Europa. Wenig später fielen die Preise, selbst das Billigwarenhaus Real hatte auf einmal T-Shirts der Marke für 9,99 Euro im Angebot. Das ist für einen Schüler alles außer cool. Darüber hinaus schien es lange so, als würde die Führungsetage sämtliche Modeentwicklungen des Marktes einfach ignorieren. Das traditionelle Hollister-Konzept, Mode mit auffälligen Logos zu nicht minder auffälligen Preisen zu verkaufen, war schlicht nicht mehr zeitgemäß. Die Teenager hatten Anfang der 2010er Jahre nicht mehr das Bedürfnis, eine laufende Litfaßsäule darzustellen. Der Trend ging seitdem eher zu schlichten Klamotten ohne Aufdruck – auch »Normcore« genannt. Hollister reagierte darauf spät. Zu spät.

Marke verwässert – Der Fall Harley Davidson

Einer der wohl bekanntesten Fehltritte einer Marke ist der Fall Harley Davidson. Anders als bei Nokia oder Hollister waren es beim Motorradhersteller aber nicht Sturheit und fehlende Flexibilität, die zum Fiasko führten. Im Gegenteil. Es war zu viel Markendehnung.

Harleys damaliger Plan: Babykleidung vertreiben. Richtig, eine Marke, die auf der ganzen Welt für Freiheit, Abenteuer und Männlichkeit steht, war plötzlich auf dem Trip, Strampler und Schnuller zu vermarkten. Die Hoffnung, dass Produkt A den Erfolg des neuen Produkts B garantieren würde, erfüllte sich jedoch nicht, denn die Kunden gingen auf die Barrikaden. Diese Pläne sind daher längst wieder verworfen.

Es ist ein warnendes Beispiel dafür, dass die Werte und Wünsche der Kunden immer an oberster Stelle der Markenagenda stehen sollten. Umso mehr, je stärker die Wertschätzung der Kunden für eine Marke schon ist. Je größer die Verbindung zwischen Mensch und Marke, desto allergischer die Reaktion auf eventuelle Verwässerungen. Schäden am Markenkern sind nur schwer wieder zu reparieren.

Vor allem Topmanager sollten sich dieser empfindlichen Thematik bewusst werden. Nach einem erneuten Rekordjahr sagte der Klub-Chef des BVB Hans-Joachim Watzke, man müsse den »Spagat zwischen Borsigplatz und Shanghai bewältigen«.[49] Faktisch ist an dieser Aussage nichts auszusetzen. Der Sport hat in den letzten Jahren andere Dimensionen erreicht, die Ablösesummen sind jenseits von Gut und Böse, die TV-Verträge gehen in die Milliarden. Logisch, dass ein ambitionierter Verein wie der BVB den Anschluss an die Weltspitze nicht verlieren will. Und da führt heutzutage eben kein Weg mehr an Asien vorbei.

Für einige Fans klang dieser Satz allerdings wie ein Verrat an den Grundsätzen des Vereins und damit an ihnen. »Echte Liebe« heißt es in Dortmund. Harte Arbeit, der Ruhrpott, Leidenschaft und Kampfgeist – Shanghai, Internationalisierung und Kommerz passen da nicht rein. Eine Zwickmühle. Nochmal würde er diesen Satz nicht mehr sagen, gab Watzke wenig später zu. Die Expansion wird dennoch weitergehen. Denn was bringt die »echte Liebe«, wenn am Ende der Abstieg in die Bedeutungslosigkeit droht?

Besonders authentische Marken und ganz besonders Persönlichkeitsmarken leiden unter dem Schauspielerphänomen, welches besonders häufig bei Hollywood-Größen eintritt.

AUFGABE:

Schau dir die folgenden Schauspieler an und notiere jeweils den Film/die Serie, den/die du mit diesem Schauspieler am ehesten verbindest.

V. l. n. r.: Jim Parsons, Daniel Radcliffe, Christoph Maria Herbst

Vielleicht sagen dir die bürgerlichen Namen dieser Stars nichts, aber du kennst ihre Rollen. Jim Parsons erlangte durch seine Rolle als Sheldon bei *The Big Bang Theory* Kultstatus, Daniel Radcliff war Harry Potter und wird es für viele auch immer sein, während Christoph Maria Herbst der gemeine Chef namens Bernd Stromberg bleibt. Dass Jim Parsons beispielsweise in über 35 weiteren Filmen und Serien mitgespielt hat, ist vielen Menschen gar nicht bewusst. Mehr noch, für viele ist es eher befremdlich, wenn Parsons mal nicht Sheldon ist. Daniel Radcliffe versucht sich schon lange von seinem Harry-Potter-Ruf zu lösen, der Erfolg ist jedoch nicht ansatzweise so groß wie als Zauberlehrling.

Das gilt auch für dich: Für viele deiner Mitmenschen bist du genau diese eine Rolle, die sie wollen. Nicht immer verlangen sie von dir ein zweites oder drittes Gesicht, sondern schätzen vielmehr deine unverwechselbare Art.

Wie dynamisch bist du?

Die Beispiele zeigen, dass der gesamte Themenkomplex Dynamik einem Minenfeld gleicht. Einerseits ist es eine absolute Notwendigkeit, sich weiterzuentwickeln und das Umfeld immer wieder von Neuem zu begeistern. Jedoch lauert dabei immer Gefahr, den eigentlichen Markenkern zu verfremden. Theoretische Modelle helfen dir an dieser Stelle nicht, sondern Selbstreflexion. Die folgenden Fragen helfen dir dabei.

1. **Wofür stehst du?** Es klingt trivial, aber es ist die wichtigste Frage von allen. Denn nur wenn du weißt, wofür du stehst, kannst du erahnen, was du deiner Marke zumuten kannst. Harley Davidson ist ein abschreckendes Beispiel für das, was passiert, wenn du deinen Markenkern aus den Augen verlierst, denn genau dieser ist dafür verantwortlich, dass deine Kunden dich lieben.

2. **Wer sind deine Kunden?** Veränderungsprozesse sollten immer aufgrund der Kundenbedürfnisse stattfinden und nicht, weil du dich profilieren willst. Versuche deshalb in die Köpfe deiner Zielgruppe zu schauen: Wovon träumen sie? Welche Probleme kannst du für sie lösen?

3. **Was ändert sich gerade?** Bist du immer up to date? Nokia hat die Ära des Smartphones verpennt. Hollister hielt zu lange am alten Design fest. Es ist menschlich, das Neue kritisch zu beäugen, teils zu bekämpfen. Evolutionstechnisch hat sich diese Eigenschaft für den Einzelnen als überlebenswichtig herausgestellt. Schließlich war der erste, der in der Steinzeit eine dunkle Höhle erkunden musste, häufig derjenige, der starb. Doch im Jahr 2018 warten keine Säbelzahntiger mehr auf dich. Im digitalen Zeitalter prasseln die Innovationen nur so auf dich ein – sie sind der Grund für unseren Wohlstand. Wichtig ist, dass du filterst, was wirklich von Bedeutung ist und wie du es nutzen kannst, statt es zu ignorieren.

4. **Was sagen die harten Fakten?** Veränderungen werden immer Einfluss auf deine Marke haben – im besten Fall natürlich positiv. Die Notwendigkeit einer solchen Veränderung sollte jedoch gut zu begründen sein. Wenn du erfolgreich mit dem bist, was du gerade machst, solltest du damit nicht gleich aufhören, sobald sich die Lage in Zukunft verschlechtern könnte. An einem solchen Punkt gilt: Lieber ergänzen statt streichen. Fokussiere dich bei deiner Analyse deshalb auch auf harte Fakten. Das können Dinge sein wie deine Umsatzentwicklung, dein Kundenstamm oder auch die Seitenaufrufe deiner Online-Präsenz.

Innovation – Merkmale des Erfolgs

Bleibt noch die Frage zu klären, was gute und erfolgreiche Innovationen im Kern verbindet. Doch bevor wir darauf eine Antwort finden, stellt sich in vielen Unternehmen ein weitaus größeres Problem: Zwar schreibt sich nahezu jeder Konzern gerne Begriffe wie Innovation und Kreativität auf die Fahnen, doch in den meisten Fällen entpuppen sie sich als Lippenbekenntnisse. In ihrem Artikel (2010) »The Bias Against Creativity: Why People Desire But Reject Creative Ideas« stellten die drei US-Forscher Jennifer S. Mueller, Shimul Melwani und Jack A. Goncalo in zwei Experimenten fest, dass Menschen im Regelfall eine natürliche Abneigung gegenüber Kreativität haben, obwohl sie sich offen zu ihr bekennen.[50] Die Forscher erklären dieses Paradoxon mit der entstehenden Unsicherheit, die eine kreative Idee mit sich bringt. Kurzum: Wir sind eher dann neuen Dingen aufgeschlossen, wenn wir sie für sicher erachten. Für die Managementelite entsteht so ein völlig neues Spielfeld. Das Ziel ist es nicht, so viele Innovationen wie möglich zu implizieren, sondern die wirklich guten Ideen zu etablieren.

Akzeptanz ist somit die elementare Basis für eine erfolgreiche Innovation, die sich am Markt durchsetzen kann. Professor Everett M. Rogers schreibt in seinem Buch *Diffusion of Innovations*, dass die Verbreitung einer Innovation meist in einer S-Kurve verläuft (siehe Abbildung).[51] Zu Beginn sind es meist wenige risikofreudige Personen, die die Innovation nutzen: die sogenannten Early Adopters. Erst wenn sich in dieser Gruppe ein positives Meinungsbild[52] herauskristallisiert, folgt die Mehrheit bis hin zu den skeptischen Ultrakonservativen ganz am Schluss.

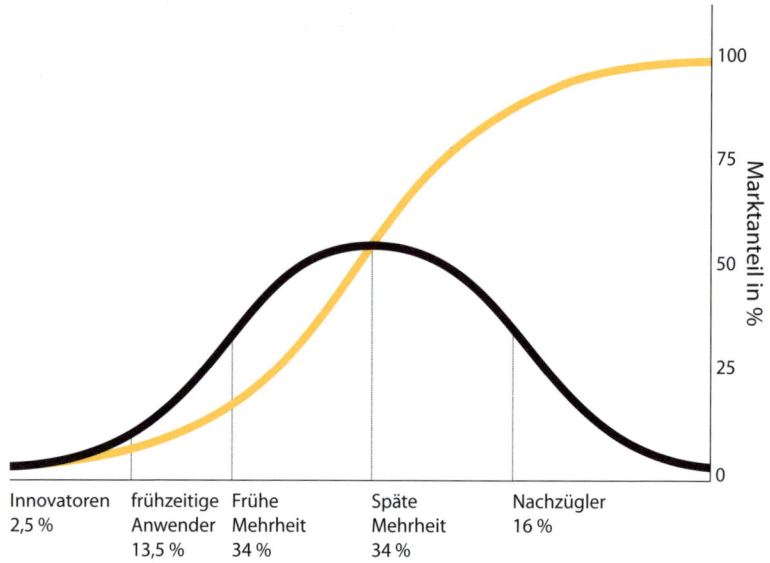

Innovatoren	frühzeitige	Frühe	Späte	Nachzügler
2,5 %	Anwender	Mehrheit	Mehrheit	16 %
	13,5 %	34 %	34 %	

Darüber hinaus definiert Rogers fünf Eigenschaften, die eine Innovation mit sich bringen muss, damit sie relativ schnell eine hohe Akzeptanz erreicht:

1. Sie muss gegenüber den Konkurrenzprodukten über einen relativen Vorteil verfügen. Eine Innovation ohne nennenswerten Mehrwert für den Kunden ist zum Scheitern verurteilt.

2. Sie muss kompatibel mit den Werten, Vorstellungen und Wünschen der Kunden sein. Die Verbindung zwischen Marke und Mensch gilt es zu schützen – dieser Zusammenhalt ist der Schlüssel zum langfristigen Erfolg.

3. Sie muss einfach sein – einfach zu bedienen, einfach zu verstehen. Unnötig komplizierte Konstrukte und Modelle sind nicht attraktiv. Die Menschen haben mittlerweile die freie Auswahl an Alternativprodukten. Der Konkurrenzkampf ist zu groß, das Produkt oder die Dienstleistung muss für sich sprechen.

4. Sie muss getestet werden können. Startschwierigkeiten sind keine Seltenheit, sondern eher die Regel. Gründliche Testläufe können der Marke größere Probleme ersparen. Ein Beispiel: Steve Jobs gilt bis heute als einer der schillerndsten Redner aller Zeiten. Seine Apple-Keynotes sind legendär. Einige würden sagen, seine Präsentationen waren eine Art Kunst. Lässig, ruhig, souverän und doch irgendwo äußerst spektakulär – kein Naturtalent, sondern harte Arbeit. Jobs soll seine erste iPhone-Präsentation im Jahr 2007 bereits über Monate auf der Bühne geprobt haben. »Ich habe an einem Stichpunkt der Präsentation manchmal 72 Stunden gearbeitet. Auf der Bühne hat Steve Jobs dann maximal neun Sekunden darüber geredet«, schilderte der ehemalige Apple-Mitarbeiter Matt Drance seine Erfahrungen.[53] Es war also Jobs' Akribie, die ständigen Test-Durchläufe, die seine Keynotes so perfekt gemacht haben. Denn alle Ungereimtheiten, die vor dem eigentlichen Tag X auftreten, können behoben werden, ohne dass es ein anderer mitbekommt.

5. Sie muss beobachtet werden können. Stichwort: Viralität. Durch die sozialen Plattformen haben Marken mittlerweile die Möglichkeit, sich einer immer größeren Masse an Menschen zu präsentieren. Likes, Aufrufe und Bewertungen im Internet sind für viele Konsumenten eine elementare Entscheidungshilfe. Innovationen, die nirgends erwähnt werden, werden auch nie vermisst werden (mehr dazu im Kapitel »Social Web«).

Fazit: Dynamik

→ Die technologischen und gesellschaftlichen Entwicklungen nehmen Fahrt auf. Die Welt wandelt sich, der Alltag wird hektischer. Für Marken entsteht so ein völlig neues Umfeld.

→ Einige Menschen fürchten diese Entwicklung. Der Wunsch nach der Vergangenheit wird größer, Parteien machen mit den Ängsten der Bevölkerung zum Teil gezielt Politik.

→ Für Marken ist dieser Umstand ein Drahtseilakt. Zum einen schätzen Konsumenten Kontinuität und Stabilität, wollen aber auch begeistert und überrascht werden.

→ Ein Schritt zurück ist keine Lösung, Marken müssen auf große technische und gesellschaftliche Veränderungen reagieren. Das bedeutet aber nicht, dass eine Marke nicht öffentlich zu ihren Traditionen stehen kann. Im Gegenteil.

→ Es gibt eine Vielzahl von Möglichkeiten, wie eine Marke sich weiterentwickeln kann. Bei allen Veränderungsbemühungen sollte der Kundenwunsch aber immer ganz oben auf der Agenda stehen – sonst droht eine Entfremdung vom Markenkern.

→ Damit eine Innovation bei den Menschen Akzeptanz gewinnt, sollte diese folgende Punkte erfüllen:

→ Sie sollte einen relativen Vorteil haben.

→ Sie sollte kompatibel zu den Werten und Wünschen der Kunden sein.

→ Sie sollte einfach sein.

→ Sie sollte getestet werden können.

→ Sie sollte von der Zielgruppe beobachtet werden können.

Interview mit Detlef D! Soost,

Choreograf, Fitnesscoach und Unternehmer,
zum Thema Dynamik

Zwölf Jahre war Detlef D! Soost das Gesicht der Casting-Show *Popstars*. Als Jurymitglied und Coach formte der Tänzer und Choreograf zahlreiche Erfolgsbands wie beispielsweise die No Angels, Monrose und Overground. Außerdem moderierte er in dieser Zeit weitere Erfolgsformate wie *DanceStar* oder *Lebe Dein Leben! – Live-Coaching mit Detlef D! Soost*. Er ist zudem der Gründer des Tanzschulennetzwerks D!'s Dance Club und betreibt in Berlin-Mitte die Tanzschule D!'s Dance School. Im Jahr 2012 machte er mit einer beeindruckenden Body-Transformation auf sich aufmerksam: In nur 14 Wochen nahm er 32 Kilo ab und hilft seitdem mit seinem eigenen Online-Fitnessprogramm »I make you sexy« anderen Menschen dabei, ebenfalls ihren Traumkörper zu erreichen.

Herr Soost, Choreograf, Tänzer, Fitnesscoach, Unternehmer, erfolgreiches Werbegesicht – was sind Sie eigentlich?

Ich sehe mich in erster Linie als Wunscherfüllungsgehilfe und da ist es grundsätzlich erst mal egal, in welchem Bereich ich mich bewege. Ich helfe Menschen dabei, ihre Ziele zu erreichen. Ich bin ein Suchender, der immer schaut, wie er mit seinen Qualitäten und Fähigkeiten sein Umfeld positiv beeinflussen kann. In welcher Form es sich auch ausdrückt – ob Tanzen, Moderation, Motivation oder Training zum Abnehmen, letzten Endes geht es immer um die Erreichung eines Ziels.

Motivation scheint eine wichtige Rolle in Ihrem Leben zu spielen. Lange Zeit haben Sie junge Künstler bei Popstars *motiviert. 2009 mussten Sie sich dann selbst zu einer Diät motivieren und haben in nur 14 Wochen 32 Kilo verloren. Wie schaffen Sie es, dieses innere Feuer immer brennen zu lassen?*

Für mich geht es darum, eine klare Zielsetzung zu verfolgen. Bei *Popstars* beispielsweise habe ich mich vor jeder Staffel gefragt, was ich mit den Kandidaten konkret erreichen möchte. Das übergeordnete Ziel war natürlich immer dasselbe: talentierte Menschen ohne Erfahrung auf die Bühne bringen und zu Künstlern machen. Aber was ist der eigentliche Gedanke dahinter? Welche Persönlichkeitsentwicklung ist wichtig für diese jungen Menschen? Das waren immer die Fragen, die mich bei *Popstars* umgetrieben haben. Beim Abnehmen wollte ich natürlich Kilos verlieren und neue Superlative erreichen.

Motivation funktioniert über eine konkrete Zielsetzung. Und dieses Ziel darf nicht zu niedrig und nicht zu hoch gesteckt sein. Ist es zu niedrig, gibt man sich keine Mühe. Ist es zu hoch, demotiviert das genauso, weil man irgendwann erkennt, dass man es ohnehin nicht schaffen wird. Ein Mensch mit einer Körpergröße von 1,50 Meter wird niemals in der NBA Basketball spielen können oder Weltmeister im Schwergewichtsboxen werden – Motivation hin oder her. Kurzum: Ich brauche ein realistisches Ziel, welches ich in der Lage bin zu erreichen, wenn ich mich aus meiner Komfortzone löse. Ist dieses Ziel gesetzt, wird vor allem eine Fähigkeit wichtig, bei der leider viele Leute kranken: das Self Commitment. Die Fähigkeit, in den Spiegel zu gucken und zu sagen: Ich mache das jetzt und werde es durchziehen, auch wenn der Weg steinig wird und nicht linear nach oben zeigt. Ich gebe nicht auf! Ein Tipp: Setz dir kleine Zwischenziele. Die sind besser zu greifen und sorgen für Erfolgserlebnisse, die neuen Schwung verleihen.

Der nächste wichtige Faktor in Ihrer Karriere ist die Veränderung – Sie sind das perfekte Beispiel, wie sich eine Persönlichkeitsmarke über die Zeit entwickeln kann. Das Ende von Popstars *war nicht Ihr Ende – im Gegenteil. Wie bleiben Persönlichkeitsmarken dynamisch?*

Ich glaube, es gibt zwei wichtige Punkte, die für die Weiterentwicklung von Persönlichkeitsmarken entscheidend sind. Punkt eins sind meine Grundwerte, die ich bewahren muss, egal in welchem Einsatzbereich ich mich befinde. Ob bei *Popstars*, bei meiner Diät oder beim Online-Coaching – ich bin immer authentisch und direkt geblieben. Punkt zwei ist im Gegenzug die Fähigkeit, offen für Neuerungen zu sein und sich neuen Gegebenheiten anzupassen. Bei *Popstars* habe ich 14 Jahre das Fernsehen als Medium genutzt. Bei »I make you sexy«, welches unglaublich erfolgreich ist, nutze ich das Internet. Für solche Veränderungen muss man sich öffnen. An erster Stelle steht immer die Frage: Wie schaffe ich es, meine Zielgruppe zu erreichen?

Gerade mit Blick auf die hektische Welt in Zeiten der Digitalisierung: Glauben Sie, dass es genau dieses Zusammenspiel von Werten und Offenheit ist, das Marken dynamisch, aber auch gleichzeitig authentisch macht?

Definitiv. Die eigenen Werte, die wir nach außen sichtbar machen, sind Identifikationsflächen. Natürlich kannst du über Social-Media-Kanäle alles promoten, sei es eine Duschcreme, ein Fitnessprogramm oder ein Handtuch. Am Ende geht es aber darum, dass deine grundlegenden Werte erhalten bleiben. Denn genau diese sorgen für eine emotionale Bindung zu deiner Zielgruppe. Marken, die das nicht schaffen, gehen in der Digitalisierung und Globalisierung in der grauen Masse unter. Jede Marke steht heute in Konkurrenz zur ganzen Welt. Wer in diesem Umfeld seine Werte im Markenkern verwässert, hat keine Chance.

Ich möchte deshalb betonen: Werte sind zielgruppenübergreifend und altersunabhängig. Das Alter meiner Zielgruppe liegt heutzutage beispielsweise bei 12 bis 65 Jahren. Warum? Weil die Mütter, die früher mit ihren Töchtern *Popstars* geschaut haben, heute teils über 60 Jahre alt sind, mein Online-Coaching sowie meine Fitnessprodukte eine jüngere und völlig neue Zielgruppe ansprechen und ich durch mein Lizenzsystem *D!'s Dance Club* auch die Kinder erreiche. Unter dem Strich identifizieren sich diese Menschen aber alle mit meinem Wertesystem: Glaubwürdigkeit, Direktheit, Authentizität und auch mal anecken.

Das ist das BRAND-BUILDING-MODELL© mit den acht wichtigsten Tools für erfolgreiche Marken & Menschen. In jedem der acht Tools sind 1 bis 10 Punkte zu vergeben, wobei 1 »sehr schwach« und 10 »sehr stark« entspricht. Wie schätzen Sie Ihre Fähigkeiten als Persönlichkeitsmarke in den einzelnen Bereichen ein?

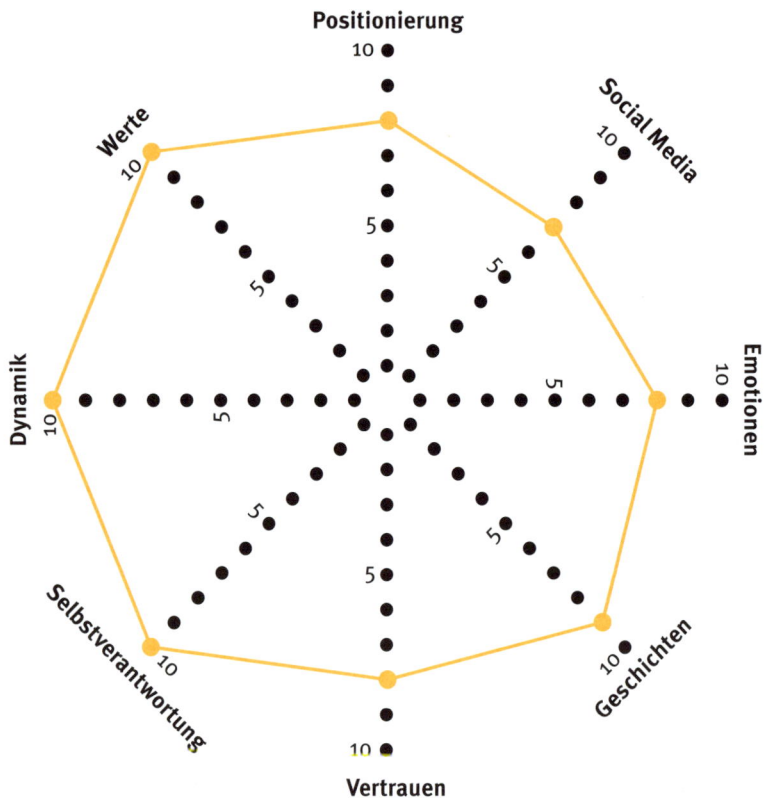

Bitte vervollständigen Sie folgenden Satz: Das ideale Maß an Dynamik bedeutet für mich ...

... immer zu wissen, wohin ich laufe – aber einzuplanen, dass es Umwege gibt.

7.
Social Web:
Work smart, not hard

Als ich in die Marketingwelt eintauchte, war die Welt noch eine andere. Werbung war anders. Die Kommunikation war eine andere und die alltägliche Arbeit sowieso. Hätte mir in den frühen 1990er Jahren jemand gesagt, dass wir im Jahr 2018 über Dinge wie Influencer-Marketing sprechen, dann wäre das wie die Vision von fliegenden Autos gewesen – mit dem Unterschied, dass fliegende Autos damals wirklich für möglich gehalten wurden. Zum Glück wurde ich eines Besseren belehrt, und das ziemlich schnell.

Spätestens mein erster Besuch im Silicon Valley mit Hubert Burda machte mir klar, was noch alles kommen würde. Heute sind Facebook und Co. zu unseren ständigen Begleitern geworden – auch für mich. Nicht umsonst ist dieses Kapitel ein elementarer Teil meines BRAND-BUILDING-MODELLs©, wenngleich ich einen großen Irrtum vorweg aus der Welt schaffen möchte: Für Persönlichkeitsmarken gibt es gerade in der digitalen Welt keinen Königsweg.

In keinem anderen Bereich ist es derart wichtig, Dinge auszuprobieren und im zweiten Schritt zu verbessern. Dieses Trial-and-Error-Prinzip praktizieren große Medienunternehmen in der digitalen Welt nach wie vor. Es wäre auch fatal, es nicht zu tun. Nirgends ist das Feedback derart schnell und echt. Soziale Plattformen sind Spielwiesen, sie sollen Spaß machen. Auch ich probiere viele Dinge aus. Einige funktionieren gut, einige eher weniger. Im Fernsehen ist es undenkbar, ungeschminkt und ohne Teleprompter zu sprechen. In den großen Tageszeitungen sind Grammatikfehler tabu – in den sozialen Medien hingegen herrschen andere Regeln. Gut ist, was authentisch ist, nahbar wirkt, lustig ist, polarisiert und im Gedächtnis bleibt. Deshalb liegt mir dieses Kapitel ganz besonders am Herzen, weil ich jeden Menschen ermuntern will, Facebook und Co. dafür zu nutzen, seine Ideen und Werte anderen Menschen mitzuteilen. Seid mutig genug, nicht perfekt zu sein! Wer braucht da schon TV-Schminke und ein Lektorat?

Das Ende der Markenloyalität

In jeder Sekunde werden über 7700 Tweets abgesendet, über 800 Fotos auf Instagram hochgeladen, fast 3000 Skype-Calls begonnen, 63 000 Google-Suchanfragen gestellt, 71.000 Videos auf Youtube geschaut und über 2,6 Millionen Mails verfasst, zwei Drittel davon sind Spam.[54] Ja, die Uhren im Social Web ticken schneller, die Dimensionen sind größer. Über 2,8 Millionen Menschen sind auf mindestens einer sozialen Plattform im Internet vertreten, das sind rund 37 Prozent der gesamten Weltbevölkerung – Tendenz weiter stark steigend.[55] Alleine in Asien warten noch rund 2 Milliarden Menschen auf einen Internetzugang.[56]

Das Social Web hat unsere Welt verändert, die Art, wie wir kommunizieren, Dinge konsumieren und Momente wahrnehmen. Im Hinblick auf Marken wurden damit die Karten neu gemischt. Das Social Web bietet mehr Chancen, mehr Menschen in kürzerer Zeit zu erreichen. Die Kommunikation mit der Zielgruppe ist schneller und direkter. Formschöne Werbebroschüren machen eine Marke nicht mehr authentisch, sondern Likes, Fans, Follower, Kommentare, Bewertungen und virale Inhalte. Vom Schüler bis zum CEO – Facebook und Co. geben jedem Menschen die Möglichkeit, sich als erfolgreiche Persönlichkeitsmarke zu etablieren.

AUFGABE:

In welchen sozialen Netzwerken bist du aktiv? Und wann hast du das letzte Mal etwas gepostet?

Soziale Plattform	Heute	Gestern	Letzte Woche	Letzter Monat	Länger als ein Monat	Inaktiv
Facebook						
Instagram						
Twitter						
Snapchat						
Xing/ Linkedin						

Aktivität in Sozialen Netzwerken

Was wie eine Option klingt, ist in Wahrheit aber eine Pflicht: Gerade in der Generation Y dienen Social-Media-Profile oftmals als Hauptkriterium bei der Entscheidungsfindung: In welches Restaurants soll es gehen? Was sagen andere Menschen über diese Kopfhörer? Wer in den sozialen Netzwerken nicht vertreten ist, der ist schlichtweg nicht existent. Die Harvard-Professorin Youngme Moon sieht darin das Ende der traditionellen Markenloyalität. Ihre radikale Prognose stützt sie dadurch, dass Informationsüberflutung und Hyperwettbewerb dazu führen, dass Verbraucher den Wald vor lauter Bäumen nicht mehr sehen.[57]

Kommunikation mit einer jungen Zielgruppe gestaltet sich immer komplexer und weniger zwingend. Pragmatisches und opportunistisches Verhalten setzt sich laut Moon immer stärker durch. Rein markenloyales Verhalten geht deutlich zurück, schränkt junge Nutzer in ihrer Auswahlmöglichkeiten ein. Wer in diesem Darwinismus der Multioptionalität überleben will, muss kreativ sein und vor allem Erlebnisse schaffen. Die Generation Y will überrascht und unterhalten werden. Geteilt wird das, was Spaß macht. Dynamische, offene Marken haben es bei Ypsilonern fast immer leichter als konservativ agierende. Das »Social« in Social Media ist wörtlich zu nehmen.

Die alles entscheidende Frage lautet: Wie schaffst du es, eine starke Mensch-Marke-Beziehung aufzubauen?

Das Streben nach Authentizität

Es gibt eine Fülle an sozialen Netzwerken und jedes hat seine eigenen Spielregeln. Wirklich entscheidend sind aber nur eine Hand voll. In der Praxis hat sich das sogenannte Donut-Beispiel etabliert:

- **Facebook:** Ich esse gerne Donuts. Und ihr so?
- **Twitter:** Ich esse gerade einen #Donut.
- **Instagram:** #donut #foodporn #tasty
- **Snapchat:** Donuts sind so geil <3
- **Youtube:** So machst du die BESTEN DONUTS der Welt!
- **Twitch:** Schaut mir zu, wie ich live einen Donut esse
- **LinkedIn:** Ich habe Erfahrungen im Donut-Verkauf.
- **Google+:** Ich bin Google-Mitarbeiter und mag Donuts.

Die schlechte Nachricht zuerst: Es ist nahezu unmöglich, auf all diesen Plattformen gleichzeitig hochqualitativen Content zu produzieren. Die gute Nachricht ist: Das musst du auch gar nicht. Es ist einer der größten Irrglauben in der Online-Welt, dass die große Stärke die Masse an Menschen wäre. Die wahre Stärke liegt in der Interaktion mit deiner Zielgruppe. Qualität statt Quantität lautet auch hier das Credo.

Die Basis einer erfolgreichen Social-Media-Strategie – unabhängig von der Plattform – bilden Authentizität und Kontinuität. Nichts ist schlimmer als ein unpersönliches Profil, welches das letzte Mal vor drei Monaten aktiv war. Es hat seine Gründe, warum die Social-Media-Profile privater Personen oftmals mehr Anhänger gewinnen als die von Unternehmen. Menschen verlangen in sozialen Medien Gesichter, Menschen mit spannenden Geschichten, jemanden, mit dem sie sich identifizieren können. Das oft verpönte Selfie ist der beste Beweis. Der Eiffelturm allein auf einem Foto ist schön, der Eiffelturm mit einer Person ist aber noch viel interessanter, denn dahinter steckt vermutlich eine Geschichte. Ja, Social Media ist auch immer ein bisschen Selbstdarstellung – das geht aber auch indirekt.

Eine kleine Geschichte unter dem veröffentlichen Foto schafft Intimität, Tiefe und weckt Emotionen. Du musst dazu nicht deine gesamte Privatsphäre aufgeben, aber ein Blick hinter die Kulissen ist doch auch spannend, oder? Menschen verbinden sich mit dir über soziale Medien ja nicht ohne Grund: Sie wollen etwas von dir erfahren, erhoffen sich einen Mehrwert. Und das nicht nur für die kommenden zwei Wochen, sondern im besten Fall über Jahre. In diesem Kapitel soll es darum gehen, wie du die größten Social-Media-Plattformen erfolgreich nutzen und eine aktive Community aufbauen kannst.

Der Algorithmus ist dein Freund

Stell dir vor, du bist Hersteller eines Erfrischungsgetränks. In deiner Region hat seit einiger Zeit ein neuer Supermarkt eröffnet. Dieser Supermarkt ist mit nichts vergleichbar, was es vorher in deiner Region gab. Dementsprechend beliebt ist dieser Supermarkt – die Menschen kaufen fast ausschließlich dort ein. Deshalb willst du deine Erfrischungsgetränke natürlich in genau diesem Supermarkt verkaufen und hast Glück. Da der Supermarkt außerhalb deiner Region noch nicht so bekannt ist, hast du das Kühlregal fast nur für dich alleine. Jeder Kunde sieht deine Getränke in voller Pracht und hat insgesamt nur eine kleine Auswahl an Alternativen. In der Folge steigen deine Bekanntheit und deine Absätze. Hurra!

Doch dann spricht sich auch in den Nachbarregionen das Potenzial dieses Supermarkts herum. Das bedeutet, ab sofort musst du dir das Kühlregal mit anderen Herstellern teilen, die alle um die Gunst der Kunden buhlen. Der Filialleiter stellt einfach alle Erfrischungsgetränke je nach Lieferzeitpunkt in das Kühlregal. Die größere Auswahl lockt natürlich weitere Kunden an.

So weit, so gut, doch nach kurzer Zeit merkt der Filialleiter, dass trotz mehr Kunden die Absätze bei den Erfrischungsgetränken zurückgehen. In der Verhaltensforschung nennt man dieses Phänomen »Wahlparadoxon«. Es geht auf ein Experiment von Sheena Iyengar und Mark Lepper zurück.[58] Die beiden Feldforscher stellten fest, dass eine größere Auswahl an Marmeladen (24 Sorten statt 6 Sorten), zwar mehr Kunden an den Stand im Supermarkt lockte (60 Prozent statt 40 Prozent), aber nur 2 Prozent dieser Kunden auch wirklich etwas kauften – bei der kleineren Auswahl waren es satte 12 Prozent. Zu große Auswahl hemmt also unser Kaufverhalten, weil wir uns schwerer entscheiden können.

Da der Filialleiter seine Umsätze schwinden sieht, tüftelt er einen cleveren Plan aus. Er analysiert das Kaufverhalten seiner Kunden, macht sich ein Bild davon, was die Kunden besonders mögen, und gestaltet das Kühlregal radikal um. Vorbei ist die Zeit, in der die Getränke einfach anhand der Lieferzeitpunkte ins Regal geräumt wurden. Erfrischungsgetränke, die in der jüngeren Vergangenheit kaum noch gekauft wurden, landen entweder in der unteren Ecke des Regals oder bleiben im Lager. Gezeigt wird nur noch das, was wirklich Umsatz bringt. Und weil das Regal nicht unbegrenzt ausgebaut werden können, entsteht ein Platzproblem. Der Konkurrenzkampf um den besten Platz im Kühlregal ist ausgebrochen.

Sicherlich hast du die Parallelen bereits erkannt: Die Entwicklung von Facebook und Instagram kann mit dieser Metapher sehr gut verdeutlicht werden. Du als Getränkehersteller bist die Marke, die ihre Beiträge (Erfrischungsgetränke) im Newsfeed ihrer Zielgruppe (Kühlregal) so prominent wie möglich platziert haben will. Aufgrund der großen Beliebtheit des Supermarkts (Facebook oder Instagram) kommt allerdings der Filialleiter ins Spiel: der Algorithmus. Dieser entscheidet, ob Beiträge tatsächlich eine große Masse an Menschen erreichen können, denn er teilt jedem Beitrag einen Score, eine Bewertung zu, die sich aus über 100 000 Faktoren errechnet.[59] Wenn du also die Coca-Cola unter den Erfrischungsgetränken sein willst, musst du verstehen, wie dieser Algorithmus funktioniert und was deine Zielgruppe wirklich will.

How to Facebook

Facebook ist und bleibt *die* soziale Plattform schlechthin. Über 2 Milliarden Menschen sind auf der Seite registriert und 1,3 Milliarden Menschen nutzen Facebook sogar täglich.[60] Wenn Facebook ein Staat wäre, wäre es das bevölkerungsstärkste Land der Welt. Es ist auch die Plattform, die dem einzelnen Nutzer die meisten Möglichkeiten bietet, seine Marke nach seinen Vorstellungen passgenau aufzubauen. Inzwischen können zusätzlich zu den etablierten Text-, Link-, Image- und Video-Posts auch Slideshows, Karussell-Posts oder gar eigene Microsites (Canvas) gestaltet werden.

Besonders im Empfehlungsmarketing wird Facebook eingesetzt. FacebookAds ermöglichen zudem eine äußerst differenzierte Zielgruppenbestimmung. Kurzum: Facebook bietet das ideale Gesamtpaket für die erfolgreiche Positionierung deiner Marke. Doch Vorsicht: Die Beliebtheit von Facebook sorgt dafür, dass der Algorithmus besonders hart durchgreift. So ist es die logische Konsequenz, dass nahezu alle Facebook-Seiten trotz einer numerisch wachsenden Fan-Base an Reichweite verlieren. Es ist schlichtweg nicht genügend Platz im Newsfeed. So kann es sein, dass Menschen, die deine Seite mit »Gefällt mir« markiert haben, deinen Beitrag dennoch nicht sehen.

Lass dich deshalb nicht von Gefällt-mir-Angaben täuschen. Erstens lassen sich diese mittlerweile auch einfach kaufen und zweitens sagen sie nichts über den eigentlichen Erfolg der Seite aus. Als Faustregel gilt, dass nur rund ein Prozent der Leute, die eine Seite »liken«, diese auch wirklich besuchen.[61]

Gezeigt wird dir das, was dich interessieren könnte. Dafür analysiert Facebook deine Gewohnheiten im Netz und das entstehende Bild ist dabei weitaus differenzierter, als du vielleicht glaubst. Der Algorithmus stellt die Marken also immer wieder vor die eine Frage: Wie erreicht ein Beitrag wirklich die anvisierte Zielgruppe?

Dabei verhält sich das Rezept für den perfekten Beitrag so ähnlich wie das Rezept für die originale Coca-Cola. Niemand kennt es so wirklich, außer einer Handvoll hochrangiger Mitarbeiter. Hinzu kommt, dass Facebook diesen Algorithmus ständig anpasst. Was jedoch immer bleibt, sind die drei W-Fragen.

1. **Wer postet einen Beitrag?** Facebook misst die Interaktionen einzelner User untereinander. Je häufiger ein Nutzer deine Beiträge in der Vergangenheit kommentiert oder geteilt hat, desto höher ist die Wahrscheinlichkeit, dass er sich auch für deinen neuen Beitrag interessiert. Diese Interaktion – oder »Engagement«, wie Facebook es nennt – wird aber auch dadurch erhöht, wenn ein Nutzer beispielsweise deine Seite häufiger besucht oder langsamer nach unten scrollt, weil er dein Beitrag liest.

   Was du daraus lernen kannst: Die schiere Menschenmasse, die sich auf Facebook tummelt, ist natürlich beeindruckend. Die große Stärke dieser Plattform ist aber die Möglichkeit der direkten Kommunikation. Qualität statt Quantität – du kennst die Devise ja nun schon. Also, komm mit deiner Community ins Gespräch, stell Fragen und sorge so für eine hohe Interaktion.

2. **Wie reagieren andere Personen auf den Beitrag?** Je mehr Menschen auf deinen Post reagieren, desto häufiger wird er auch anderen Usern gezeigt. Facebook leitet also aus der Menge der Interaktionen die Qualität des Beitrags ab.

   Was du daraus lernen kannst: Eine aktive Community entsteht nur durch spannenden Content. Beziehe deshalb deine Community mit ein, nimm Bezug auf aktuelle und viel diskutierte Themen und probiere neue Dinge aus. Das Beste, was passieren kann, ist, dass dein Beitrag von einem Nutzer geteilt wird.

3. **Was für ein Beitrag ist das?** Nutzer, die gerne News-Artikel lesen, bekommen hauptsächlich News-Artikel präsentiert. Facebook passt den Newsfeed also den persönlichen Vorlieben des Users an. Dennoch bewegt sich der Trend deutlich in eine Richtung: Bewegtbilder. Zwei Drittel unserer Zeit, die wir am Handy verbringen, nutzen wir schon heute zum Schauen von Kurzvideos.[62] Logisch,

dass Facebooks Algorithmus diese Form von Beiträgen bevorzugt. **Was du daraus lernen kannst:** Nutze Bewegtbilder und die neuen Features wie Live-Videos, die Facebook zur Verfügung stellt. Informiere dich zudem über die neuesten Trends im Facebook-Newsroom. Ab und zu gewährt der Social-Media-Konzern einen Einblick in die aktuellsten Veränderungen im Newsfeed-Algorithmus.

AUFGABE:

Wie sehr treffen folgende Aussagen auf dich zu?

	Trifft zu	Trifft eher zu	Teils, teils	Trifft eher nicht zu	Trifft nicht zu
Ich tausche mich regelmäßig mit Freunden über Facebook aus und kommentiere die Beiträge anderer Nutzer.					
Ich achte auf die Qualität meiner Beiträge und versuche meiner Community spannenden Content zu liefern.					
Ich nutze viele verschiedene Beitragsformen.					
Ich kann mir vorstellen, Live-Videos zu schalten, oder habe es bereits getan.					
Wenn andere User meine Beiträge kommentieren, versuche ich mit ihnen ins Gespräch zu kommen.					

How to Instagram

Zwölf Mitarbeiter und kein Ertragsmodell – trotzdem blätterte Facebook-Chef Mark Zuckerberg im Jahr 2012 rund eine Milliarde Dollar für den Foto-Sharing-Dienst Instagram auf den Tisch. Heute wissen wir weshalb. Aus damals 30 Millionen Nutzern sind mittlerweile über 800 Millionen geworden, 500 Millionen nutzen das Netzwerk sogar täglich. Volle 32 Minuten pro Tag verbringen Menschen unter 25 Jahren im Schnitt auf Instagram – kein anderes Netzwerk kann bei diesen Wachstumsraten mithalten.[63]

Eine Entwicklung, die natürlich auch den Werbetreibenden nicht entgangen ist. Zum Kinostart des Blockbusters *La La Land* lancierte die Produktionsfirma Lionsgate beispielsweise mit zehn personalisierten Videos eine speziell auf Instagram angepasste Werbekampagne. »Wir wussten, dass Instagram die perfekte Plattform für diesen Film war. Es ist aber immer eine enorme Herausforderung, dem jüngeren Publikum etwas Neues vorzustellen. Es wird immer schwieriger, im übersättigten Markt von heute Zielpersonen auch wirklich zu erreichen. Dazu mussten wir unsere kreative Strategie umstellen, um Zielgruppen in erster Linie auf Plattformen anzusprechen«, erklärte Rachel Masuka, Head of Digital bei Lionsgate.[64] Oder einfacher gesagt: Instagram ist für eine Persönlichkeitsmarke Pflicht, nur wie kriegt man bei über 2 Millionen Werbetreibenden die nötige Aufmerksamkeit?

In einem Interview mit dem Wirtschaftsmagazin *Business Insider* brachte eine anonyme Quelle aus dem Unternehmen ein wenig Licht ins Dunkel.[65] Die wichtigsten Erkenntnisse möchte ich dir erneut anhand von drei Fragen zeigen.

1. **Wie beliebt ist dein Post?** Grundsätzlich tauchen Beiträge mit einer hohen Engagement-Rate höher im Newsfeed auf. Wenn ein Beitrag also schnell viele Likes und Kommentare erhält, wertet der Algorithmus das als Qualitätssignal und zeigt diesen mehr Usern an.

Was du daraus lernen kannst: Timing auf Instagram ist entscheidend. Poste dann, wenn deine Zielgruppe auch wirklich online ist. Das ist zwar einerseits äußerst individuell, doch andererseits gibt es ein paar Grundsätze: Nach einer Umfrage mehrerer Social-Media-Manager ist die beste Zeit für einen Beitrag zur Mittagspause (11–13 Uhr) und am Abend (19–21 Uhr).[66] Frag dich zudem, wann deine Zielgruppe höchstwahrscheinlich Instagram nutzt. Ein Tipp: Nutzer, die ein Instagram Business-Profil besitzen, können die Follower-Aktivität über die Funktion »Instagram Insights« ermitteln.

2. **Wie lange schauen sich die Menschen meinen Beitrag an?**
Instagram erfasst die Zeit, die Menschen sich deinen Beitrag anschauen. Je länger, desto spannender ist dein Post für Instagram.

Was du daraus lernen kannst: Nutze die Bildunterschrift für eine spannende Geschichte passend zum Beitrag. Je interessanter der Text, desto länger werden die Nutzer diesen lesen. Vor allem Calls to Action, also konkrete Fragen an die User, die du in den Beitrag einbaust, verlängern die Verweildauer und erhöhen das Engagement. Unter diesem Gesichtspunkt wird zudem die Wichtigkeit von Videobeiträgen nochmals untermauert. Wie bereits erläutert, wächst die Nachfrage nach Kurzvideos im Internet. Diese regen Nutzer zum Kommentieren an, erhöhen somit den Engagement-Score ihrer Beiträge und werden länger angeschaut als Fotos.[67]

3. **In welcher Beziehung stehst du zum Nutzer?** Ähnlich wie bei Facebook misst der Instagram-Algorithmus, in welchem Austausch du zu anderen Nutzern stehst. Je häufiger ein Nutzer deine Beiträge liked, kommentiert, teilt oder anschaut, desto weiter oben werden deine zukünftigen Beiträge bei ihm angezeigt. Der Algorithmus geht allerdings noch weiter: User, die deinen Account häufig suchen oder deine Beiträge ihren Freunden häufig privat senden, kriegen deine Beiträge ebenfalls prominenter angezeigt.

Was du daraus lernen kannst: Gerade wenn du noch keine große Community aufgebaut hast, kann dir der Algorithmus helfen. Entscheidend ist nämlich der Faktor, wie aktiv deine Community auf deine Beiträge reagiert. Und auch eine kleine Community kann sich rege austauschen. Auf einer Fotoplattform wie Instagram fällst du natürlich in erster Linie mit visuell starken Bildern auf. Achte deshalb auf eine hohe Auflösung, spannende Motive und kreative Bildunterschriften.

Die wichtigsten Tipps für das Personal Branding auf Facebook und Instagram

Allein von den Userzahlen sind Facebook und Instagram die beiden relevantesten Social-Media-Kanäle in der westlichen Welt. Zusammen bilden sie die Basis einer Social-Media-Strategie für dich. Mit dem Wissen, wie der Algorithmus – zumindest in groben Zügen – funktioniert, verschaffst du dir einen signifikanten Vorteil gegenüber der Konkurrenz. Das sind die wichtigsten Dinge, die du dabei beachten musst.

Qualität statt Quantität: Optimiere deine Beiträge je nach Medium

Sowohl Facebook als auch Instagram haben ihre Eigenarten. Aufgrund der Algorithmen ist es für dich von elementarer Wichtigkeit, diese Eigenarten zu erkennen und deine Beiträge passend aufzubauen. Frage dich deshalb immer:

- Ist dein Beitrag interessant genug, sodass Nutzer nicht einfach weiter nach unten scrollen?
- Hast du deine Community mit einem Call to Action zum Kommentieren, Liken oder Teilen angeregt? Wenn ja, ist dieser Aufruf stark und spannend genug?
- Zu welcher Zeit ist deine Zielgruppe aktiv?

Es gibt mittlerweile eine Reihe von cleveren Apps, die dir dabei helfen. Mit Hootsuite oder Buffer kannst du zum Beispiel mit nur einer Anwendung alle deine Social-Media-Kanäle verwalten, Beiträge schreiben und terminieren. Außerdem liefert die Software in beiden Fällen eine detaillierte Analyse über deine Performance.

Mobile Videos auf dem Vormarsch: Nutze die Kraft der Bewegtbilder

Auf der offiziellen Facebook-Seite heißt es dazu:

>*Im Laufe des letzten Jahres hat sich die tägliche Betrachtungszeit für Facebook Live-Videos weltweit vervierfacht. Die Betrachtungsdauer für Videos auf Instagram hat sich um 80 % erhöht. Dieser Trend dürfte sich fortsetzen: 45 % der befragten Personen in den USA und Kanada gaben an, dass sie zukünftig noch mehr Videos auf ihren Smartphones ansehen werden. Laut Prognosen von Cisco wird Video-Content bis zum Jahr 2020 mehr als 75 % des mobilen Traffics ausmachen.[68]*«

Videos sind also beliebt und fördern nach Ansicht von Facebook »Emotion und Interaktion«. Das ist doch eine klare Aufforderung, mit Videos zu experimentieren, oder? Dazu hast du durch neue Features wie Instagram Stories, Instagram Live oder Facebook Live auch die Möglichkeiten. Und der Algorithmus bevorzugt diese Form der Live-Beiträge, wie du weißt.[69]

Vor allem sozial: Sei eine nette Marke

Soziale Medien leben von der Interaktion der Nutzer. Durch den Algorithmus wird dieser Fokus nochmals verstärkt. Bau dir deshalb mit diesen einfachen Tipps ein gutes Image auf und profitiere langfristig von einer aktiven Community:

- Poste keinen Spam, sondern hochqualitative Inhalte.
- Beantworte Fragen anderer User sofort, bedanke dich bei positivem Feedback und nimm umgehend Stellung zu Kritik.
- Bau mit anderen Nutzern eine Beziehung auf, indem du andere Beiträge kommentierst und Interesse zeigst.

Fazit: Social Web

→ Die sozialen Plattformen sind das ideale Tool für eine erfolgreiche Markenpositionierung. Persönlichkeitsmarken, die nicht auf Facebook und Co. zu finden sind, sind für viele Menschen nicht existent.

→ Die Basis einer Social-Media-Präsenz sind Authentizität und Kontinuität. Es ist von entscheidender Bedeutung, dass die Online-Präsenz dauerhaft mit qualitativ hochwertigen Inhalten bespielt wird.

→ Jede Plattform hat ihre Eigenheiten. Persönlichkeitsmarken müssen sich deshalb die Frage stellen, welche Plattform am besten zu ihnen passt.

→ Facebook und Instagram sind die beiden größten Plattformen und verwenden beide einen Algorithmus, der darüber entscheidet, welche Beiträge prominent erscheinen. Die genaue Funktionsweise des Schlüssels ist ein Betriebsgeheimnis, jedoch gibt es einige Erkenntnisse, die Persönlichkeitsmarken für sich nutzen können:

→ Qualität statt Quantität: Spannende Beiträge, die von der Zielgruppe positiv aufgenommen werden und viele Reaktionen generieren, werden häufiger ausgespielt.

→ Bewegtbilder sind beliebt: Der Trend geht zu Online-Videos. Mit diversen Tools oder speziellen Plattformen wie Youtube können Persönlichkeitsmarken experimentieren.

→ Direkter Austausch: Persönlichkeitsmarken, die auf Social Media aktiv sind und sich über die Plattformen regelmäßig mit Kollegen oder ihrer Zielgruppe austauschen, werden bevorzugt angezeigt.

Interview mit Ibrahim Evsan,
Digitalunternehmer und Social-Media-Experte, zum Thema Social Web

Er gilt als Pionier der deutschen Social-Media-Szene, ist seit 22 Jahren in der digitalen Welt zu Hause und passionierter Firmengründer. Ibrahim Evsan ist so etwas wie der Strippenzieher der schillernden Social-Media-Welt und berät die Topentscheider der Republik. Bereits zu den Anfangszeiten von Facebook und Co. erkannte der Unternehmer das immense Potenzial dahinter und ist seit Jahren einer der wichtigsten Web-Gründer in Deutschland. Im Jahr 2011 zählte er zu den fünf einflussreichsten Social-Media-Persönlichkeiten und erreichte im Jahr 2013 Platz 17 der wichtigsten 100 Köpfe der europäischen Digitalindustrie. Im Jahr 2017 wurde er zudem zum einflussreichsten Twitter-Autor rund um das Thema digitale Transformation gekürt.[70] Er ist Autor von zwei Büchern, hat sechs Unternehmen gegründet und stand bereits über 300 Mal als Keynote-Speaker auf der Bühne.[71]

Herr Evsan, Sie sind einer der einflussreichsten Social-Media-Experten in Deutschland. Welchen Stellenwert haben Facebook und Co. für Sie in Ihrem Alltag?

Das ist gar nicht so leicht zu beantworten, weil das Wort Stellenwert auch immer impliziert, dass es einen Wert gibt, der mein Leben bereichert. Ich glaube, der größte Wert, den die sozialen Medien in meinem Leben haben, ist die Freiheit zu haben, jederzeit die Informationen zu posten, die ich persönlich für richtig und wichtig halte. Das macht mich nicht nur medienunabhängig, sondern macht mich selbst zum Medium. Ich bin so mein eigener Botschafter. Deshalb sage ich bei meinen Auftritten auch immer wieder, dass jeder in der digitalen Welt selbst zur Botschaft wird. Facebook und Co. bieten uns die Plattformen, genau diese Botschaften mit der Welt zu teilen. Sie sind die idealen Kommunikationswerkzeuge.

Die Möglichkeiten für Persönlichkeitsmarken sind in der digitalen Welt enorm. Jede soziale Plattform hat ihre ganz besonderen Eigenschaften. Welche Plattform eignet sich für welchen Typ? Oder sollten Persönlichkeitsmarken alle Plattformen zeitgleich nutzen?

Es gibt zwei Dinge, die wir dabei beachten müssen. Das Erste ist, dass mein »Social Score« hochgeht, wenn ich alle Kanäle gleichzeitig bespiele. Der Social Score ist sozusagen meine Relevanz, die mir die Plattformen zusprechen. Viele wissen nicht, dass die gängigen Plattformen auch untereinander wissen, wenn jemand auf anderen Plattformen aktiv und erfolgreich ist. Je aktiver ich also auf allen Kanälen bin, desto höher werde ich bei Suchanfragen jeglicher Art angezeigt. Der große Nachteil ist jedoch, dass das eine enorme Arbeit ist. Jeder sollte sich deshalb die Frage stellen, ob sich Plattform XY wirklich für sein Anliegen lohnt. Denn Zeit bleibt immer noch unsere wichtigste Währung.

Ein Beispiel: Jemand, der ausschließlich im B2B tätig ist, muss seine Zeit nicht als Entertainer auf Facebook verschwenden – LinkedIn ist für ihn die weitaus effektivere Alternative. Wenn ich mit der Presse in Kontakt kommen will, nutze ich Twitter. Man sollte also seine Energie nur dort investieren, wo man das Maximum herausholen kann. Bevor mich das System nutzt, nutze ich das System. Wer blind ein System füttert, ohne zu wissen, was er davon hat, wird langfristig keinen Erfolg haben.

Social Media leben vom direkten Austausch. Protagonisten und Follower sind sich näher denn je. Auf der anderen Seite ist die Rede von Privatsphäre und Datenschutz. Worauf sollten Persönlichkeitsmarken achten, wenn sie Dinge mit ihren Followern teilen?

Ich möchte an dieser Stelle gerne Immanuel Kant zitieren, der gesagt hat: »Habe den Mut, dich deines eigenen Verstandes zu bedienen.« Es ist eigentlich ganz einfach. Bevor jemand etwas postet, sollte er sich zehn Sekunden vorher fragen, welchen Wert dieser Beitrag für seine Follower hat. Ist es ein Ego-Beitrag? Dann ist es schlecht. Ist es ein Beitrag, in dem ich mich als Experte positionieren will, obwohl ich es nicht bin? Auch sehr schlecht. Ist es ein Beitrag, um eine Diskussion zu entfachen? Sehr gut. Ist es ein Beitrag, bei dem ich meine Werte nach außen trage, die andere

Menschen positiv beeinflussen? Auch super. Ob dieser Beitrag dann datenschutzkonform ist oder nicht, spielt für mich erst mal keine Rolle, weil ich für mich persönlich entschieden habe, dass dieser Beitrag sinnvoll ist.

Ein spannender Punkt, schließlich gilt gerade Instagram als Ego-Plattform Nummer eins …

Wir müssen natürlich unterscheiden. Die Instagram-Sternchen haben natürlich ein ganz anderes Alter und wollen zeigen, wie schön sie sind. Das ist auch völlig in Ordnung – wir hätten in unserer Jugend auch nicht anders gehandelt. Wenn man aber über Persönlichkeitsmarken spricht, die sich nachhaltig in das Gedächtnis der Menschen einbrennen, reden wir über Wertebotschafter, die Verantwortung übernehmen. Welche Verantwortung haben denn die Ego-Menschen außer gegenüber sich selbst? Wer also für seine Firma, seine Branche oder für ein ganzes Thema einsteht, hat kein Recht auf ein großes Ego. Ganz oben stehen immer die vermittelten Werte, mit denen ich die Gesellschaft positiv beeinflussen will.

Und wie können genau solche Werte konkret vermittelt werden?

Wer sich öffentlich abbildet, muss eine Geschichte erzählen können. Wenn ich ein Bild poste, versuche ich ergänzende Informationen beizufügen, die den Wert des Beitrags erhöhen. Vor ein paar Monaten habe ich beispielsweise ein Foto mit Wladimir Klitschko hochgeladen und in der Beschreibung erläutert, welche Learnings ich aus dem Treffen ziehen konnte. So schafft man es, aus einem ursprünglichen Ego-Bild einen Beitrag mit Mehrwert zu schaffen.

Wie schätzen Sie die Bedeutung von Social Media im Jahr 2022 ein?

Die Bedeutung wird weiter wachsen. Ich glaube, dass bis zum Jahr 2022 auch die letzten Manager und Unternehmen verstanden haben werden, dass Corporate-Influencer und Personal Branding auf Social Media eine zentrale Rolle im Marketing spielen. Die Folge wird dann vermutlich sein, dass neue Superstars aus der Wirtschaft entstehen. Ich glaube, der nächste Mensch, der das Münchner Olympiastadion füllen wird, ist nicht Bon Jovi, sondern Elon Musk.

Das ist das BRAND-BUILDING-MODELL© mit den acht wichtigsten Tools für erfolgreiche Marken & Menschen. In jedem der acht Tools sind 1 bis 10 Punkte zu vergeben, wobei 1 »sehr schwach« und 10 »sehr stark« entspricht. Wie schätzen Sie Ihre Fähigkeiten als Persönlichkeitsmarke in den einzelnen Bereichen ein?

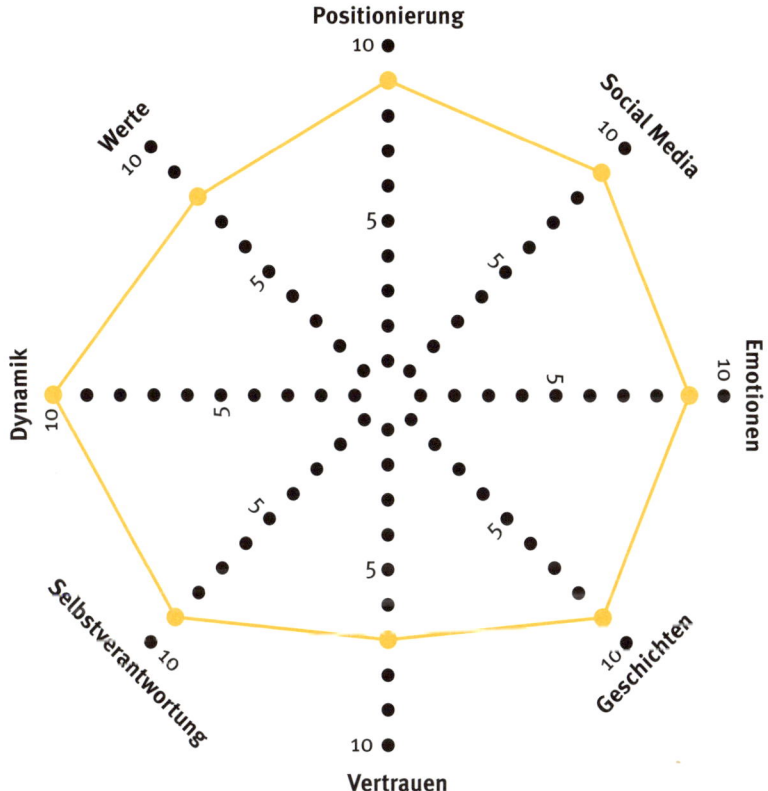

Bitte vervollständigen Sie folgenden Satz: Die perfekte Social-Media-Präsenz bedeutet für mich …

… die ehrliche Abbildung meiner Gedanken und Werte, die ich auch offline repräsentiere.

8.
Positionierung:
Unverwechselbar anders

Jeder Mensch muss seinen eigenen Platz auf dieser Welt finden. Der eine weiß bereits in Kindheitstagen, was er will. Der andere braucht Zeit und fliegt nach dem Schulabschluss als Erstes für ein Jahr nach Australien oder Neuseeland. Und wiederum ein anderer findet in seinem Leben viele Plätze – nur bleibt er nicht überall. Auch ich musste solche Erfahrungen in meinem Leben machen, gerade in jungen Jahren. Missen möchte ich diese turbulente Zeit keineswegs, denn obwohl vielleicht nicht alles immer so gelaufen ist, wie ich mir das vorgestellt habe, kam ich durch jede neue Erfahrung der Beantwortung folgender Fragen ein Stück näher: Was will ich? Wofür will ich stehen? Und was kann ich wirklich gut? Manchmal müssen sich diese Fragen eben per Ausschlussverfahren beantworten. Es ist nämlich auch gut zu wissen, was man nicht will.

Ich persönlich habe meinen Platz gefunden: Natürlich wollte ich immer unternehmerisch erfolgreich und finanziell frei sein. Doch als ich so weit war, drängte sich mir eine Frage auf: Ist das wirklich alles, Hermann? Ich habe diese Frage mit Nein beantwortet. Mein Ziel ist es, auch andere Menschen mit meinen Qualitäten dazu zu bewegen, ihre Fähigkeiten und Talente zu nutzen, um ihre Ziele zu erreichen. Deshalb habe ich auch mein erstes Buch *Meine Marke* geschrieben und mir dadurch ein Sprachrohr geschaffen. Heute bin ich überaus dankbar, dass ich mit Speakers Excellence eine tolle Agentur im Rücken habe, die es mir erlaubt, meine Werte, meine Ideen und meine Glaubenssätze als Speaker im direkten Austausch meinen Mitmenschen zu vermitteln. Denn was bringt ein guter Gedanke, wenn ihn keiner hört? Für mich ist das ein großes Geschenk. Ich bin Unternehmer, Autor und Speaker in Personalunion, aber in erster Linie vor allem eines: glücklich.

Mangelware Individualität

Ich erwische mich immer wieder dabei, wie ich im ICE oder am Flughafenterminal mein Handy zücke und durch die sozialen Plattformen scrolle. Fünf Minuten, zehn Minuten, fünfzehn Minuten – und am Ende steht meist die Frage, was ich mir da eigentlich gerade angeschaut habe. Sicherlich kennst du auch diese Momente, in denen du dich in den Tiefen deiner Timeline ein Stück weit verlierst, ehe dich eine wichtige WhatsApp-Nachricht oder eine Lautsprecherdurchsage wieder herausreißt.

Was mir jedoch immer wieder beim Durchstöbern auffällt, ist, dass mir kaum etwas auffällt – es ist schlicht zu viel. Das mag komisch klingen, schließlich bieten Facebook und Co. mittlerweile die unterschiedlichsten Möglichkeiten für Menschen und Unternehmen, sich zu präsentieren und ins Blickfeld ihrer Zielgruppe zu kommen. Doch nur ganz selten stoße ich auf eine Seite, ein Video oder einen Beitrag, der mich wirklich fesselt und den ich meinen Freunden zeigen möchte.

Welcher Beitrag auf einer sozialen Plattform hat dich das letzte Mal wirklich begeistert? Das ist genau die Frage, die das größte Problem unserer Zeit für Marken aller Art darstellt. Nahezu in jedem Bereich, vom E-Commerce bis zum Chiropraktiker, herrscht ein Überangebot. Eine junge Familie beispielsweise, deren Waschmaschine unerwartet den Geist aufgibt, ist heute nicht mehr zwangsläufig auf den Elektrofachhandel von nebenan angewiesen. Das Internet hat dafür gesorgt, dass wir für fast jede Entscheidung unzählige Möglichkeiten haben. Das bedeutet aber noch lange nicht, dass es uns dadurch besser geht (siehe Kapitel »Social Web«), denn vor lauter Bäumen sehen viele Kunden den Wald nicht mehr – vor allem wenn, es kein Anbieter schafft, nachhaltig aus dem Überangebot an beispielsweise Waschmaschinen herauszustechen.

Logisch, je größer die Auswahl, desto größer ist die Wahrscheinlichkeit, dass sich einige Marken in ihrer Außendarstellung ähneln. Darüber hinaus gibt es Eigenschaften, die sich wirklich jede Marke – unabhängig von Waschmaschinenherstellern – gerne zuschreibt: Da wären die Attribute Qualität, Innovation und natürlich Nachhaltigkeit – wie häufig hast du diese Produktattribute in letzter Zeit gehört? Das Problem dabei ist, dass diese Begriffe derart inflationär benutzt werden, dass sie mittlerweile alles außer glaubwürdig sind. Diese Prahlerei hat sogar schon solche Ausmaße angenommen, dass selbst einige börsennotierte Energiekonzerne im Bereich Kohle und Öl sich mit abstrusen Nachhaltigkeitsplaketten schmücken. Auch dem gutgläubigsten Kunden wird spätestens jetzt klar, dass es mit der Selbsteinschätzung solcher Marken so eine Sache ist. Nicht, dass wir uns falsch verstehen: Beim Marketing ging es natürlich immer schon darum, sich von seiner besten Seite zu präsentieren. Dagegen ist nichts einzuwenden – im Gegenteil. Erfolgreich waren aber immer nur die Marken, die ihre Versprechen auch langfristig halten konnten.

Umso bedenklicher betrachte ich die derzeitige Entwicklung bei vielen Persönlichkeitsmarken, dabei könnten die Voraussetzungen gar nicht besser sein. Denn abseits vom fragwürdigen Datenschutz haben soziale Plattformen eine Welt für Persönlichkeitsmarken geschaffen, die gar nicht schöner sein könnte. Jeder, wirklich jeder hat in der heutigen Zeit die Möglichkeit, sich Stück für Stück als Marke zu etablieren. Es gibt beispielsweise junge Menschen, die mit laienhaften Videos aus dem Kinderzimmer angefangen haben und mittlerweile jeden Tag Millionen von Menschen auf Youtube erreichen. Daneben gibt es die cleveren Geschäftsmänner, die in ihrer Branche bereits vorher erfolgreich waren und durch Social Media noch mal ordentlich einen draufgesetzt haben. Das beste Beispiel ist Jean-Pierre Krämer, Deutschlands bekanntester Autotuner. Er war bereits vielen Menschen als einer der PS-Profis aus der gleichnamigen Fernsehserie ein Begriff. Seit geraumer Zeit hat sich Krämer aber weitgehend aus dem TV-Geschäft zurückgezogen und ist zum Programmchef aufgestiegen. Montags bis freitags liefert er zusammen mit einem dreiköpfigen Videoteam seinen »Schokohasen« – wie er seine Fangemeinschaft nennt – täglich ein Video, in dem er Einblicke in den Firmenalltag von JP Performance gibt. Über 1,4 Millionen Menschen schauen ihm dabei zu.[72] Neben einer eigenen Merchandise-Linie und einem Burger-Laden ist Jean-Pierre Krämer auch ein gefragtes Werbegesicht bei Porsche und Audi, hat seine eigene Felgenmarke gegründet und ist so zum Inbegriff der deutschen Tuningszene geworden.

Das Problem: Authentische Persönlichkeitsmarken wie Jean-Pierre Krämer sind in den sozialen Plattformen eher die Ausnahme. Er ist ein eindrucksvolles Beispiel dafür, welch enorme Vorteile Persönlichkeitsmarken im Vergleich zu großen Konzernmarken haben. Wenn es um die Positionierung geht, dreht sich alles unweigerlich auch um Grundsätze, Authentizität und Individualität: Wofür will ich stehen? Und wofür nicht? Welche Zielgruppe möchte ich erreichen? Und wie schaffe ich es, dass mir die Menschen vertrauen? Für einen Konzern sind solche Fragen zum Teil gar nicht so leicht zu beantworten. Es gibt unzählige Beispiele von Unternehmen, deren Wachstum dafür sorgte, dass diese elementaren Fragen nicht mehr konkret beantwortet werden konnten (siehe dazu auch das Kapitel »Dynamik«). Ein Gesicht hingegen schafft von Natur aus Vertrautheit und einen konstanten Berührungspunkt. Logisch, auch das charmanteste Lächeln wird älter. Aber während im Falle von Jean-Pierre Krämer seine Firma in den letzten Jahren enorm gewachsen ist, blieb er sich und seiner lockeren Art vor der Kamera immer treu.

Persönlichkeitsmarken sind leichter zu greifen als ein Konzern. Sie wirken naturgemäß menschlicher, die Identifikationsfläche ist größer. Während in einem großen Dax-Konzern jede Pressemitteilung von der Compliance-Abteilung akribisch seziert wird, sind Einzelpersonen ungebundener, direkter und damit für die Menschen auch vertrauenswürdiger.

Wo ist all das geblieben?, frage ich mich. Klammern wir mal einige erfreuliche Beispiele aus, sehe ich im Internet vor allem Einheitsbrei. Auf den Plattformen, auf denen die eigene Individualität eigentlich am besten zum Ausdruck kommen sollte, herrscht gähnende Langeweile. Ich habe das Gefühl, dass sich in der heutigen Zeit eine falsche Form des

Individualismus etabliert hat. Nämlich der Individualismus, der darauf ausgelegt ist zu betonen, man sei anders, nur um immer wieder die Dinge zu tun, die andere bereits gemacht haben. Die Bilder auf Instagram werden mit denselben Filtern bearbeitet, die Influencer posieren an den gleichen Orten mit der gleichen Haltung in ähnlichen Klamotten. Die Titel der Blogbeiträge könnten allesamt von einer Person stammen und die eigens gebauten Homepages werden im Schnellverfahren mit ein und derselben Software erstellt. Zugeben wird das freilich niemand, schließlich will heutzutage keiner mehr ein Systemmensch, sondern ein freier Vogel sein. Der Drang zur Individualität war in keiner Generation größer, doch genau das macht uns so ähnlich.

Dennoch gibt es Erfolgsrezepte, die jeder nutzen kann. Böse Zungen würden sagen: Besser gut geklaut als schlecht erfunden. Einige werde ich dir im Anschluss vorstellen. Denk aber daran: Wer ausschließlich das tut, was andere bereits gemacht haben, der hinterlässt keine Fußspuren, sondern Staub. Wahre Individualität bedeutet nicht, krampfhaft anders sein zu wollen. Das wollen zu viele. Menschen, die sich in unser Gedächtnis gebrannt haben, sind nicht in der Pole-Position, weil sie auf die anderen geschaut haben. Wer sich erfolgreich positionieren will, muss also in erster Linie auf sich schauen, eigene Ziele entwickeln und verfolgen, über klare Werte verfügen und diese auch nach außen kommunizieren. Das macht dich einzigartig.

Wofür wurde Muhammad Ali berühmt? Für seine Verweigerung, im Vietnamkrieg zu kämpfen. Marcel Reich-Ranicki war über Jahrzehnte Deutschlands renommiertester Literaturkritiker. In Erinnerung bleibt er vielen aber nur aufgrund seiner legendären Rede, bei der er den deutschen Filmpreis ablehnte und mit der gesamten Szene abrechnete. In der Natur bleiben wir an Ecken und Kanten hängen, bei Menschen ebenfalls.

Warum Authentizität wehtut

Es klingt so selbstverständlich: »Sei einfach du selbst!« Aber es ist alles andere als einfach, seine Ecken und Kanten zu bewahren. Dafür braucht es jede Menge Mut und Ausdauer. Ich habe viele Marken gesehen, die vielversprechend gestartet sind und irgendwann ihre klare Linie verwässert haben – sei es aufgrund des öffentlichen Drucks, Gier, Faulheit oder Angst. Als Hollister beispielsweise damit anfing, die eigenen T-Shirts in Discounter-Läden zu verkaufen, wurde aus dem coolen California-Image schnell Ramschware vom Wühltisch. Es gibt Muster, die sich immer wieder zeigen, wenn es mit einer Marke abwärts geht. Ein Beispiel: Wer anfängt, jedem gefallen zu wollen, gefällt irgendwann niemandem mehr. Everybody's Darling ist keine Form der Positionierung, niemals. Es ist eine Illusion zu glauben, man könne es jedem recht machen. Versuch es deshalb gar nicht erst! Es wird immer Menschen geben, die mit dir, deinem Geschäft, deiner Tätigkeit oder mit deinen Werten nichts anfangen können. Es ist sinnlos, diese Menschen vom Gegenteil überzeugen zu wollen. Diese Erkenntnis schmerzt vielleicht und schürt Ängste, dass dir potenzielle Kunden oder Partner durch die Lappen gehen – aber das ist ein Trugschluss.

Meinen Freund »Winni« und sein hervorragendes Netzwerk habe ich dir bereits vorgestellt. Seine schier grenzenlose Kontaktliste in seinem Handy alleine macht ihn aber nicht zum besten Netzwerker, den ich kenne. Es ist die Tatsache, dass hinter jedem Kontakt in seiner Liste auch eine persönliche Verbindung steckt. »Winni« kennt diese Menschen wirklich.

Genauso verhält es sich bei deiner Zielgruppe. Die schiere Masse an Menschen, die deinen Namen mal gehört haben, bringt dich kaum weiter. Wichtig ist es, ein Netzwerk aus Menschen aufzubauen, die dich wirklich kennen, wertschätzen und unterstützen. Diese Beziehungen sind es am Ende, die deiner Marke Tiefe verleihen. Dazu ist es auch nötig, sich klar von solchen Gruppen zu distanzieren, deren Werte und Grundsätze du nicht vertrittst.

Positionierung bedeutet also auch immer Verzicht. Das kostet dich vielleicht zu Beginn ein wenig Popularität und Reichweite, langfristig aber sind es genau diese klaren Positionen, die dir Authentizität verleihen. Stell dir vor, Tesla würde auf einmal 12-Zylinder-Dieselmotoren in seinen Autos verbauen. Das würde vielleicht die Zielgruppe vergrößern, aber die Marke früher oder später mit hoher Sicherheit beerdigen. Ich habe nicht schlecht gestaunt, als mir ein Social-Media-Manager letztens erzählte, dass er bei der Suche nach potenziellen Werbegesichtern auf Social Media für ein bestimmtes Lifestyle-Produkt nicht darauf achtet, wie viele Follower derjenige hat, sondern wie viele Menschen seine Bilder kommentieren und wie positiv die Stimmung in den Kommentaren ist. »Klasse statt Masse« lautet das Credo.

Die Stufen der Positionierung

Aber wie erreichst du diese Authentizität? Den eigenen Weg zu gehen hilft vielleicht als Arbeitstitel, nicht jedoch als konkrete Anleitung. Eine erfolgreiche Positionierung erfolgt immer in zwei Schritten:

- Die Intra-Positionierung
- Die Inter-Positionierung

Wichtig: Nur das Zusammenspiel beider Schritte schafft eine erfolgreiche Positionierung deiner Marke! Im Folgenden will ich dir zeigen, was ich darunter verstehe und wie du deine Qualitäten am besten einsetzen kannst.

Die Intra-Positionierung: Wissen, was du willst

Manchmal führt der Weg in den Himmel ein paar Treppenstufen nach unten in den Keller. So ist es zumindest bei einem meiner absoluten Lieblingsrestaurants in München, dem Mun, benannt nach dem gleichnamigen Restaurantchef Kim Mun. Mich fasziniert dieses kleine Restaurant jedes Mal aufs Neue. Serviert werden hier in der Regel Vier- oder Sechs-Gänge-Menüs mit einer exzellenten Weinbegleitung. Die Gerichte sind asiatisch inspiriert – Sushi steht immer auf der Speisekarte. Doch jedes Gericht hat eine besondere amerikanische Note – und das aus gutem Grund. Mit seiner ausgezeichneten Küche erzählt Kim Mun nämlich seine eigene Geschichte.

Der 51-Jährige wurde in Seoul geboren, wanderte mit seinen Eltern nach Honolulu aus und arbeitete später als erfolgreicher Banker an der Wall Street. Dann kam die große Finanzkrise im Jahr 2008 und mit ihr Muns fester Entschluss, seine Leidenschaft endlich zum Beruf zu machen. In einem Interview mit der *Süddeutschen Zeitung* erinnert er sich: »Als Banker habe ich 80 bis 90 Stunden in der Woche gearbeitet. Wenn ich sonntags frei hatte, habe ich immer viele Freunde eingeladen und zu ihnen gesagt: Los, lasst uns feiern. Und dann habe ich für sie gekocht. Das war der beste Tag der Woche für mich.«[73] Kurzerhand tauschte Mun also seine Krawatte und Aktentasche gegen Reis ein: Er begann eine Ausbildung bei einem Sushi-Meister, der ihn ein ganzes Jahr lang nur Reis kochen ließ. Heute, zehn Jahre später, gehört sein Restaurant in München zu den beliebtesten Spots der Stadt und sahnt Auszeichnungen ab. Wer einen Tisch ergattern will, ruft am besten schon Wochen vorher an. »Das Leben ist zu kurz, um seine Träume ewig vor sich herzuschieben«, sagt Mun und gibt damit – ohne es zu wissen – die Guideline für Schritt 1, die Intra-Positionierung.

Das HBDI-Modell

Die Intra-Positionierung ist der Schritt vor dem Rampenlicht. Es ist die Auseinandersetzung mit dir selbst. Denn nur wer sich kennt, kann seine Persönlichkeit authentisch nach außen repräsentieren. Zu verstehen, wie und weshalb wir so ticken, wie wir es eben tun, verschafft uns Sicherheit und Selbstvertrauen.

In unserer schnellen Welt geht dieses Selbstbewusstsein oft verloren. Weiter, schneller, höher – bei Mun waren es Aktienkurse, bei dir sind es vermutlich andere Dinge. Fakt ist: Hektik und Stress sind unsere stetigen Begleiter. Das macht blind, trübt den Durchblick und sorgt dafür, dass wir auf Autopilot schalten.

Vergiss das alles für einen Moment. Nimm dir Zeit und finde heraus, was du kannst, was du willst und wo du Verbesserungspotenzial siehst. Ein überaus bewährtes Instrument für einen solchen Selbsttest ist das sogenannte *Herrmann Brain Dominance Instrument* (HBDI), benannt nach dem Forscher Ned Herrmann.[74]

Das Whole Brain®-Modell

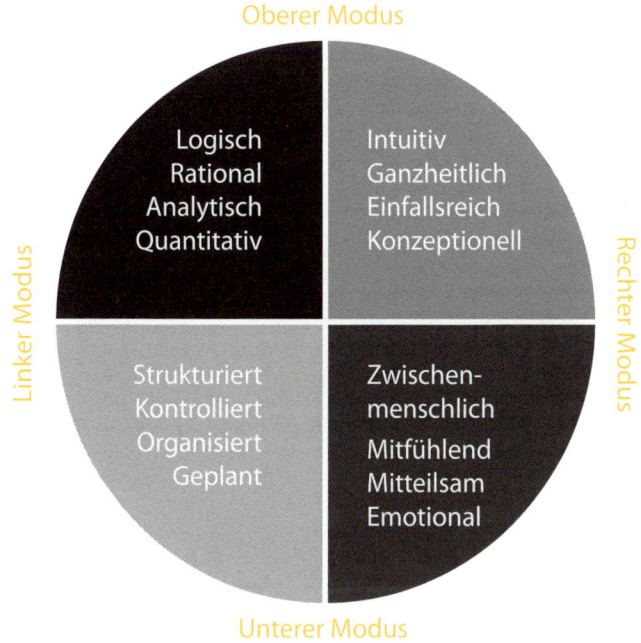

Das HBDI-Modell[75]

Anhand von 120 Fragen zeigt dir das HBDI, wie du denkst. Grundsätzlich kann man vier verschiedene Denkstile unterscheiden:

- logisch, rational, analytisch und quantitativ,
- strukturiert, kontrolliert, organisiert und geplant,
- intuitiv, ganzheitlich, einfallsreich und konzeptionell,
- zwischenmenschlich, mitfühlend, mitteilsam und emotional.

Manche sind stärker ausgeprägt, andere weniger stark, das ist individuell verschieden und hat weitreichende Folgen. Dein persönliches Denkprofil hat also Einfluss auf alles, was du tust – auf deine Kommunikation, auf deine Entscheidungsfindung, auf deine Problemlösung, auf deinen Führungsstil, auf deine zwischenmenschlichen Beziehungen. Kurzum: Dein Denken ist ein elementarer Bestandteil deiner Persönlichkeit und somit unverzichtbar für deine Markenbildung. Dein persönliches Denkprofil liefert wertvolle Antworten, um dein Verhalten zu verstehen, und eröffnet dir gleichzeitig neue Perspektiven für deine Talente und Potenziale. Mir ist wichtig zu betonen, dass es keine guten oder schlechten Profile gibt – keine Denkstilart ist wichtiger als die andere, jeder Mensch hat unterschiedlich starke Ausprägungen. Ich kann dir diese Form des Selbsttests nur wärmstens empfehlen – auch ich habe wertvolle Learnings daraus ziehen können. Falls du also Interesse hast, findest du im Internet eine Fülle von zertifizierten HBDI-Trainern, bei denen du einen solchen Test durchführen kannst, wie beispielsweise bei meinem Geschäftskollegen Alexander Ganzert. »Ich endlich einzigartig«, heißt mein Buch. »Werde, der Du bist!« lautet sein Motto bei *www.coachanging.de*.

https://m-vg.de/link/einzigartig_05
https://www.coachanging.de/

Dein persönliches Mission-Statement

In einem weiteren Schritt gilt es nun, diese Talente und Qualitäten zu operationalisieren, greifbar zu machen. Am besten funktioniert das mit einem eigenen Mission-Statement oder Lebensmotto. Eine solche Aussage ist nichts anderes als der Ausdruck deines Strebens, dein Leitbild oder Kompass für dein Leben. Logisch, dass ein solches Statement nicht irgendwo im Internet darauf wartet, von dir gefunden zu werden. Es soll schließlich deine Qualitäten, deine Ziele und deine Motivation umfassen.

Du hast im Laufe des Buches bei den einzelnen Tools bereits eine Reihe von Fragen beantwortet. An dieser Stelle gilt es, diese Fragen dir erneut ins Gedächtnis zu rufen. Dieses Mal möchte ich allerdings, dass du einige Dinge bei der Beantwortung beachtest: Wichtig ist, dass du in diesem Moment nur an dich denkst. Vermeide negative Formulierungen, schreib in der Ich-Form und benenne Dinge konkret. »Erfolgreich sein« ist kein übergeordnetes Ziel, sein Wissen in einem Bestseller niederzuschreiben hingegen schon. Zu guter Letzt: Fass dich kurz! Wie bereits erwähnt, bedeutet Positionierung auch immer ein Stück weit Verzicht – konzentriere dich also auf das Wesentliche.

- → Wofür willst du stehen?
- → Was zeichnet dich aus?
- → Was ist dein übergeordnetes Ziel?
- → Was treibt dich an?
- → Was machst du besser als die Konkurrenz?

Vergiss nie, nicht nur du musst dein eigenes Motto leicht verständlich und prägnant finden, sondern vor allem deine Mitmenschen. Und genau an dieser Stelle gehen wir gemeinsam den zweiten Schritt zur Inter-Positionierung.

Die Inter-Positionierung: Wissen, wie dich andere sehen

Mein Deutschlehrer pflegte bei Referaten in der Klasse einen knallharten Grundsatz. Nach jeder Präsentation fragte er die Redner immer: »Erklär mir dein Thema noch mal in einem Satz.« Sein Credo: Wer sein Thema nicht in wenigen Worten gezielt erklären kann, der hat es selbst nicht genau verstanden. Deshalb waren damals Deutsch-Referate gefürchtet, heute bin ich ihm allerdings dankbar und stelle diese Frage häufig meinen Klienten in Bezug auf ihre Marke. Wer sein Markenprofil kurz und prägnant beschreiben kann, macht einen wichtigen Schritt bei der Inter-Positionierung – der Außendarstellung. Unnötig verworrene und komplizierte Markenprofile haben in der heutigen Zeit absolut keine Chance mehr.

Für dich bedeutet das: Du musst dein definiertes Profil kurz und knackig nach außen tragen können. Niemand wird auf dich zukommen und dir »einfach so« eine Chance geben. Eine erfolgreich positionierte Marke hebt sich deshalb immer im Bewusstsein der Zielgruppe von Wettbewerbern ab. Positionierung schafft also Differenzierung. Im besten Fall sind es genau jene Differenzierungsmerkmale, mit denen sich deine Zielgruppe identifizieren kann.

Die Literatur liefert etliche Beispiele für erprobte Positionierungsstrategien – auch ich habe in *Meine Marke* einige Strategien für Unternehmen aufgelistet, die sich hervorragend auf Einzelpersonen übertragen lassen.[76] An dieser Stelle möchte ich noch einen entscheidenden Schritt weiter gehen. Zu Beginn des Buchs habe ich dir das BRAND-BUILDING-MODELL© vorgestellt. Jeder der acht Bereiche wurde im Anschluss in einem Kapitel behandelt und durch persönliche Eindrücke eines Experten in einem Interview ergänzt. Dabei bat ich jeden der Experten, eine Selbsteinschätzung vorzunehmen. Die Antworten und Selbstkritik haben mich teilweise beeindruckt. Dieses Kapitel bildet den Abschluss dieser Tools. Die Positionierung ist so etwas wie die Zusammenfassung aller Kapitel.

Persönlichkeitsmarken, die sich in den einzelnen Bereichen verbessern werden, schärfen zwangsläufig auch ihr Profil – und das fördert ihren Wiedererkennungswert. Positionierung bedeutet, die erlernten Fähigkeiten in den einzelnen Bereichen zu definieren, zu ordnen, zu vereinfachen, zu operationalisieren und klar zu kommunizieren.

Best Practise: Cristiano Ronaldo

Welches Ideal-Beispiel könnte hierfür besser geeignet sein als das des »wahrscheinlich mächtigsten Influencers der Welt«[77] Cristiano Ronaldo? Über 350 Millionen Fans folgen ihm auf den sozialen Plattformen – kein anderer Sportler kommt auf diese Zahl.[78] Nike hat ihn mit einem lebenslangen Sponsoring-Vertrag in Höhe von einer Milliarde Euro ausgestattet.[79] Allein sein jüngster Wechsel zu Juventus Turin glich einem medialen Erdbeben. Wieso? Weil Ronaldo eben mehr ist als ein herausragender Fußballer. Es gibt schließlich viele Kicker auf diesem Planeten, die das Tor treffen, aber Ronaldo ist ein Marketing-Genie. Keiner inszeniert sich besser: Ob Frisur oder Torjubel – an erster Stelle steht der Wiedererkennungswert.

Ronaldo und sein Team haben dabei schnell erkannt, welches Potenzial außerhalb des Platzes in ihm steckt. Er ist ein Paradebeispiel für cleveres Marketing aus dem Lehrbuch. Fast scheint es so, also haben er und sein Team vor einigen Jahren 1000 Leute auf der Straße gefragt, woran sie denken, wenn sie CR7 – so sein Markenzeichen – außerhalb des Fußballplatzes hören. Die Top-Ergebnisse sähen sicherlich so aus:

→ Durchtrainierter Körper
→ Attraktiver Mann
→ Extrovertierter Charakter
→ Luxusleben (nicht zuletzt durch die langjährige Beziehung zu Supermodel Irina Shayk)

Und wofür wirbt CR7 heute? Zuerst kam eine eigene Unterwäschekollektion (er hat natürlich selber dafür gemodelt), mittlerweile betreibt der Portugiese unter seinem Label Luxus-Mode, Parfüms, Fitnessstudios und Luxus-Hotels. Außerdem ist er Werbegesicht für Emporio Armani (Mode), Herbalife (Nahrungsergänzungsprodukte) oder TAG Heuer (Uhren)[80] – authentischer geht es kaum. Alles, was Ronaldo unter seinem Label »CR7« selber in die Hand nimmt oder wofür er mit seinem Gesicht wirbt, passt zu 100 Prozent zu den Eigenschaften, die Menschen mit ihm verbinden. Mit rund drei Instagram-Posts pro Tag kommuniziert er diese Dinge zudem offensiv nach außen. Kurzum: Ronaldo hat seine Alleinstellungsmerkmale früh erkannt, definiert, herausgearbeitet, in lukrative Business-Modelle verwandelt und sich so ein Imperium geschaffen, das weit über den Fußball hinaus geht. Ich bin der festen Überzeugung, dass jeder solche Fähigkeiten besitzt. Ronaldo ist lediglich **ein** Beispiel – auf dich wartet dein eigener Weg!

Deshalb ist es abschließend an der Zeit, dir das BRAND-BUILDING-MODELL© noch einmal ins Gedächtnis zu rufen. Es ist dein 360-Grad-Werkzeug, das dir auf deinem Weg zur unverwechselbaren Persönlichkeitsmarke helfen wird. Als nützliches Add-On möchte ich dir zu jedem Tool einen konkreten Tipp geben, den du direkt umsetzen kannst.

Als Bonus hast du die Möglichkeit, auf *www.ich-endlich-einzigartig.com* einen kostenlosen Selbsttest zu machen. Dieser hilft dir herauszufinden, welcher Markentyp du bist. Du profitierst im Anschluss an den Test selbstverständlich von hilfreichen Tipps, wie du dein Markenprofil weiter schärfen kannst, und erhältst zusätzlich Informationen zu individuellen Coachings. Das BRAND-BUILDING-MODELL© gibt es zudem als interaktives Poster. Dein Vorteil: Durch spezielle Key Perfomance Indicators (kurz: KPIs), hast du passende Kennzahlen, an denen du deinen Leistungsfortschritt dokumentieren kannst und so systematisch dein Personal Branding nach vorne bringst.

https://m-vg.de/link/einzigartig
Die Website mit Marken-Selbsttest und Brand-Building-Poster

Das BRAND-BUILDING-MODELL©

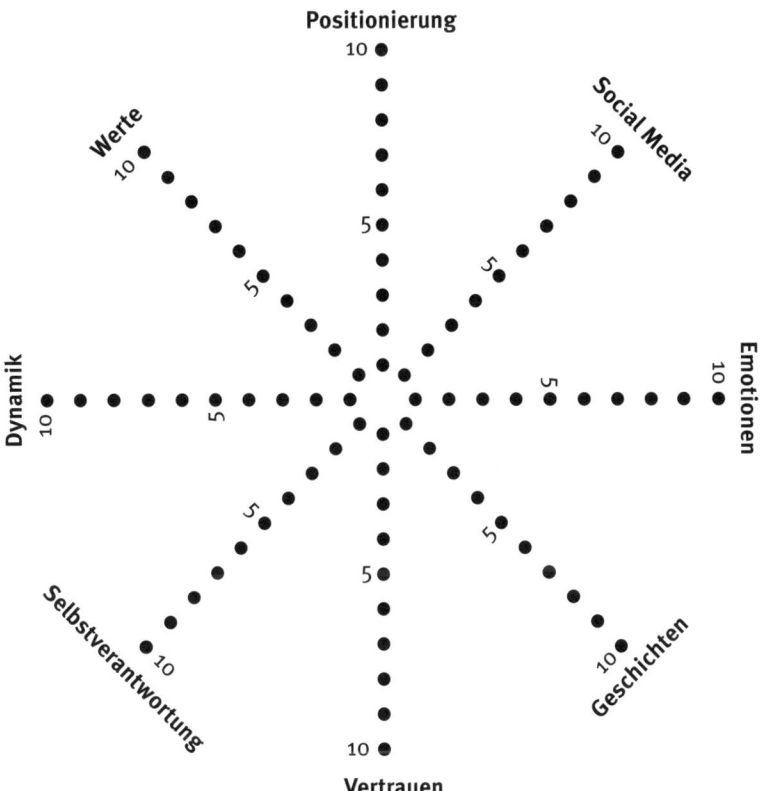

1. Werte – deine Überzeugung ist nicht verhandelbar!

»Bleib so, wie du bist!« Eigentlich kann ich mit diesem Satz herzlich wenig anfangen. Ich finde es gut, wenn Menschen und Marken sich weiterentwickeln und eben nicht ewig auf demselben Stand bleiben. Doch keine Regel ohne Ausnahme: Werte sind nicht verhandelbar. Jede Persönlichkeitsmarke muss sich zu Beginn die Frage stellen, für welche Werte sie sich einsetzen möchte.

Ist die Entscheidung gefallen, gibt es kein Zurück. Werte sind damit dein fester Markenkern, verleihen dir Identität. Werte sind stabil, geben

Halt – dir und deiner Zielgruppe. Alles andere drumherum darf gerne dynamisch sein.

> 08/15 Werte wie Qualität und Innovation schaffen keine klare Identität, sondern sind langweilig. Erst wenn Werte präzise formuliert sind, kannst du diese auch authentisch mit Leben füllen. Dabei gibt es weitaus mehr Werte, als du dir vielleicht vorstellen kannst. Eine umfangreiche Liste mit knapp 350 Werten findest du in der Abbildung – lass dich inspirieren.

https://m-vg.de/link/einzigartig_06

2. Emotionen – trau dich zu polarisieren!

Erfolgreiche Marken nutzt man nicht, man bekennt sich zu ihnen. Ein solches Bekenntnis setzt eine emotionale Bindung voraus. Wer Menschen berühren will, muss sich in sie hineinversetzen: Wovon träumen sie? Was fürchten sie? Wie sehen ihre Bedürfnisse und Sehnsüchte aus? Und vor allem: Was finden sie davon bei der Marke wieder?

Faktische Produkteigenschaften, wie etwa eine hohe Qualität, reichen alleine nicht aus. Es geht immer darum, einen emotionalen Mehrwert zu schaffen. Dafür musst du dich als Marke öffnen, schließlich entsteht deine Marke nicht bei dir, sondern in den Köpfen deiner Zielgruppe. Dein potenzieller Kunde ist viel mehr als das – er ist dein Partner, der zusammen mit dir deine Marke gestaltet. Persönlichkeitsmarken tun deshalb gut daran, diese Beziehung zu pflegen.

Deshalb rate ich dir: Sei radikal! Wer jedem gefallen will, der gefällt irgendwann keinem mehr. Wir sprachen von Ecken und Kanten, die uns begeistern. Deine Meinung vertreten vielleicht viele, trauen sich aber nicht diese auszusprechen – sie werden dir dankbar sein, wenn du sie aussprichst. Radikalität schafft Identifikationsmöglichkeiten für deine Zielgruppe. Es gibt gute Gründe, warum Apple so erfolgreich ist. Einer davon ist, dass der Konzern in jede Richtung polarisiert. Entweder du liebst das iPhone oder du hasst es. Beides ist gut für die Marke, schließlich redet dann keiner über Blackberry-Handys.

Paypal-Mitgründer, Facebook-Investor und Multimilliardär Peter Thiel stellt Bewerbern und Start-up-Gründern immer eine Frage, mit der er auch sein Buch Zero to One beginnt, die auch du dir stellen solltest: Welche persönliche Überzeugung hast du, der nur sehr wenige oder kein anderer Mensch zustimmen würde?[81]

Thiel meint, dass es genau diese Überzeugungen und Ideen sind, die unsere Welt nachhaltig verändern können. Innovation als Schritt in das Unbekannte und Neue sei dem Verbreiten von bereits Bestehendem immer vorzuziehen. Die Voraussetzung: bestimmter Optimismus, also eine positive Sicht auf die Zukunft und hohes Vertrauen in die eigenen Fähigkeiten.

Empfehlungen für ein erfüllteres Leben: Die Lesezeit beträgt gerade einmal fünf Minuten – und das Werk ist ein Welterfolg.

3. Geschichten – erzähl den Menschen, wer du bist!

Menschen werden gegenüber Unternehmen immer einen Vorteil haben: Sie sind greifbarer. Deshalb ist es wenig verwunderlich, dass es häufig charismatische Köpfe sind, die Marken nach vorne treiben. Carsten Cramer, Marketingchef beim BVB, betonte im Interview, dass die Spieler der wichtigste Faktor bei der Markenbildung sind (siehe Kapitel »Emotionen«). Persönlichkeitsmarken haben es deshalb leichter, im Gedächtnis zu bleiben, vor allem, wenn sie eine spannende Geschichte erzählen können. Spannende Geschichten bleiben im Gedächtnis. Sie zeigen, woher ein Mensch kommt und wohin er will. Sie machen seine Handlungen nachvollziehbar. Kurzum: Geschichten schaffen Authentizität. Ich habe dir gezeigt, wie du deine ganz persönliche Heldenreise formulierst. Deshalb frage ich dich: Was spricht dagegen, diese mit der Welt zu teilen? Ein eigenes Buch macht beim Business-Meeting sicherlich mehr her als eine formschöne Visitenkarte. Keine Sorge, wir reden nicht zwangsläufig von einer Biografie. Auch ein Buch über dein Spezialgebiet oder deine Arbeit verschafft deiner Persönlichkeit Tiefe.

Du musst ja nicht gleich mit einem 300-seitigen Buch starten. Oftmals sind es sogar gerade die kleinen Taschenbücher in Miniformat, die mit relativ überschaubarem Aufwand eine große Wirkung bei deinen Mitmenschen erzielen. Ein tolles Beispiel ist das Kleine goldene Buch des legendären Motivationstrainers Dale Carnegie, in dem er auf gerade einmal elf Seiten seine wichtigsten Empfehlungen für ein erfüllteres Leben gibt. Die Lesezeit beträgt fünf Minuten – ein Welterfolg.

4. Vertrauen – halte deine Versprechen!

Warren Buffett sagte einst: »Es braucht 20 Jahre, um einen guten Ruf aufzubauen, und 5 Minuten, um ihn zu ruinieren. Wer darüber nachdenkt, wird die Dinge anders handhaben.« Volkswagen und Co. können ein Lied davon singen. Vertrauen ist ein kostbares Gut, gerade in der heutigen Zeit. Wer dir vertraut, der verzeiht dir kleinere Fehler, vergleicht dich nicht pausenlos mit der Konkurrenz, sucht nicht nach dem Haar in der Suppe. Kurzum: Ohne Vertrauen hast du keine Chance, am umkämpften Markt zu bestehen. Umso wichtiger ist es, dass du ein Netzwerk mit Menschen aufbaust, die Vertrauen zu dir haben – das verstehen erfolgreiche Persönlichkeitsmarken unter Networking. Hände schütteln alleine reicht nicht aus. Im Kapitel »Vertrauen« habe ich bereits geschrieben, dass Menschen grundsätzlich bereit sind, dir zu trauen. Nutze diesen Vertrauensvorschuss, aber halte unbedingt deine

Versprechen. Das wird sich nicht nur auf euer direktes Verhältnis positiv auswirken. Wer vertraut, der empfiehlt nämlich auch gerne weiter. Und was ist glaubwürdiger als die Empfehlung eines Freundes?

> Du kannst diesen positiven Schneeballeffekt an Empfehlungen auch beschleunigen. Zufriedene Kunden bieten ein enormes Werbepotenzial für dich – dieses solltest du auch nutzen. Roger Rankel spricht in seinem Buch **Die Geheimnisse der Umsatzverdoppler** von der sogenannten Referenzstrategie. Diese gibt es in zwei Ausprägungen:

- **Klassische Referenzliste:** Du kannst die Gesichter oder Logos deiner Partner und Kunden (natürlich nur mit Erlaubnis) potenziellen Neukunden zeigen. Eine renommierte Kundenliste wird immer einen bleibenden Eindruck hinterlassen.
- **Interagierende Referenzen**: Diese Form finde ich sogar noch cleverer. Statt einfach das Kunden-Logo kommentarlos auf der eigenen Seite zu präsentieren, kannst du deine Kunden bitten, selbst für den Content zu sorgen. Das funktioniert durch Kommentare auf diversen Online-Plattformen oder in sozialen Medien. Die Fahrschule, bei der der beste Freund meines Sohnes seine Fahrprüfung absolvierte, hatte einen schlaue Idee: Nach jeder bestandenen Fahrprüfung wurde der Absolvent zusammen mit dem Fahrschullehrer vor dem Auto in jubelnder Pose fotografiert. Ein netter Gruß dazu – fertig!

5. Selbstverantwortung – übernimm Verantwortung für dein Handeln!

Steve Jobs, Mark Zuckerberg, Elon Musk oder Dietrich Mateschitz – Persönlichkeiten, die begeistern. »Echte Machertypen« würden manche sagen und behalten damit Recht. Doch was zeichnet diese Menschen aus? Hartnäckigkeit, Idealismus, Risikobereitschaft, Begeisterung – Jobs und Co. sind echte Hardliner, die einer Devise folgen: »No risk, no glory.« Konkret bedeutet das: Volle Hingabe für die Sache, in guten wie in schlechten Zeiten. Ja, solche Menschen scheinen mit ihrer Aufgabe verheiratet zu sein und genau das macht sie so erfolgreich. Zum einen, weil diese Begeisterung automatisch auf ihr Umfeld abfärbt, und zum anderen, weil sie ihrer Linie treu bleiben.

Elon Musk scheint es zum Beispiel egal zu sein, wenn Teslas Aktienkurs in den Keller sackt, weil er mal wieder eine Telefonkonferenz mit Journalisten abbricht. Diese höchste Form der Selbstverantwortung erfordert Mut und ein klares Verständnis der eigenen Fähigkeiten. Hierzu eignet sich hervorragend die besprochene SWOT-Matrix. Ich will dir aber noch ein weiteres Prinzip vorstellen, mit dem du deine Markenstärke optimieren kannst: das EKS-Prinzip. Mir wurde diese effektive Strategie von Prof. Lothar Seiwert vorgestellt. Lothar ist einer der größten Experten, wenn es um Self Development und Zeitmanagement geht. Ich bewundere dabei seine Authentizität, denn Lothar lehrt nicht nur, wie man erfolgreich wird, sondern lebt es auch – 356 Tage im Jahr. Die Learnings aus seinem neuesten Buch *Die Tiger-Strategie* haben mich inspiriert – auch für dieses Buch.

Die engpasskonzentrierte Strategie, kurz EKS, nach dem Wirtschaftsexperten Wolfgang Möwes beruht auf dem sogenannten Minimumfaktor. Dieser besagt im Grunde genommen, dass eine Kette nur so stark ist wie ihr schwächstes Glied. Für dich als Marke bedeutet das: Erforsche deine größten Schwächen und finde Zusammenhänge. Bündle deine Energie auf die Dinge, die dich voranbringen, und verschwende keine Zeit und Kraft mit vermeintlichen Verlusten. Schwächen können auch eine Chance sein – es ist alles eine Frage der Betrachtung.

6. Dynamik – geh die Extrameile!

Nie war die Gefahr größer, den Anschluss zu verpassen beziehungsweise sich selbst zu verraten. Die neue Markenwelt gleicht einem Minenfeld. Digitalisierung und Globalisierung sorgen dafür, dass immer mehr Kunden immer unterschiedlichere Dinge auf den unterschiedlichsten Wegen wollen. Wer auf den Innovationszug nicht schnell genug aufspringt, verreckt in der Pampa. Wer allerdings zu gierig wird, verschluckt sich schnell an der Entfremdung zum Kunden. Menschen brauchen Leitbilder und Marken können solche sein. Doch wer überall mitmischen will, steht am Ende lediglich für Irritation. Du solltest deshalb immer bereit sein, eine neue Entwicklung mitzugehen und zu expandieren. Allerdings nicht, ohne dich vorab ernsthaft zu fragen, ob dieser Schritt wirklich nötig ist.

> Leg ein Performance-Tagebuch an mit den wichtigsten Kennzahlen deiner Marke. Das können Seitenaufrufe sein, die Anzahl an Kommentaren unter deinen Beiträgen, die Verkaufszahlen und so weiter. Pfleg diese Liste in kurzen und regelmäßigen Abständen. Das ist zu Beginn vielleicht lästig, doch es hilft dir nachzuvollziehen, was genau bei deiner Zielgruppe funktioniert und was nicht. Anhand dieser Daten lassen sich geplante Expansionsschritte deutlich zielgerichteter planen.

7. Social Web – sei nahbar und offen!

Die Wichtigkeit einer gepflegten Online-Präsenz wird auch der letzte Traditionalist heutzutage nicht mehr anzweifeln. Über deren Gestaltung wirst du allerdings Hunderte verschiedene Meinungen hören. Unzählige Bücher und Blogeinträge wurden zu dem Thema geschrieben. Social-Media-Manager ist schon längst kein Schimpfwort mehr, sondern ein Beruf, der immer größere Bedeutung in Unternehmen hat, was sich auch an der Bezahlung bemerkbar macht. Das bedeutet: Bist du im Internet nicht vertreten, bist du für 99 Prozent deiner Zielgruppe nicht sichtbar. Jede erfolgreiche Marke braucht einen vernünftigen Online-Auftritt. Die Spielregeln für eine erfolgreiche Positionierung sind im World Wide Web dieselben wie auf der Straße oder im Büro. Es geht darum, den eigenen Markenkern – bestehend aus Werten und Fähigkeiten – möglichst authentisch und prägnant darzustellen. Der große Vorteil: Im Internet sind die Wege kürzer. Du stehst im direkten Kontakt mit deiner Zielgruppe. Das schafft Nähe und macht dich greifbarer. Wer diese Möglichkeit nicht nutzt, verschwendet unnötig Markenpotenzial. Pfleg deshalb deine Online-Präsenz regelmäßig und bleib im Austausch mit deinen Mitmenschen.

Logischerweise können sich die wenigsten Persönlichkeitsmarken einen hauseigenen Social-Media-Manager leisten. Wer dennoch erfolgreich auf Instagram und Co. sein will, ohne einen Fulltime-Job daraus zu machen, muss seine Zeit effektiv nutzen. Glücklicherweise gibt es dafür passende Apps, mit denen du alle deine Social-Media-Beiträge im Voraus planen und timen kannst. Einfach ausgedrückt: Statt jeden Tag neue Beiträge zu erstellen, nimmst du dir einmal pro Woche zwei Stunden Zeit und planst deine gesamten Beiträge für die Woche im Voraus. Die App übernimmt den Rest und veröffentlicht den Beitrag genau zu dem Zeitpunkt, den du im Kalender eingetragen hast. Wirklich gute Erfahrungen habe ich mit www.coschedule.com und www.sproutsocial.com gemacht.

8. Positionierung – zeig, wer du bist!

Sich zu positionieren bedeutet, den Markenkern möglichst authentisch und ehrlich nach außen zu verkörpern. Um das zu tun, brauchst du eine Plattform. Davon gibt es im Zeitalter der Digitalisierung viele. »Öffne dich der Welt und sie wird sich dir öffnen«, sagt mein langjähriger Weggefährte Roland Jeannet gerne. Eine Möglichkeit ist, Speaker zu werden. Was vielleicht jetzt noch unmöglich erscheint, ist in Wahrheit für jeden möglich. Auf der Bühne kannst du einem Live-Publikum zeigen, wer du bist, und stehst im direkten Austausch mit deinen Mitmenschen. Es ist somit die direkteste und wertvollste Kommunikation, die du als Persönlichkeitsmarke mit deiner Zielgruppe haben kannst. Mein Kollege und ebenfalls Speaker bei Speakers Excellence Hermann Scherer ist ein gutes Beispiel, was das angeht. In seinem Online-Training »Der Weg zum Topspeaker« widmet er sich ausschließlich diesem einen Thema.

Ich spreche aus eigener Erfahrung, wenn ich sage, dass der Schritt auf die Bühne definitiv der richtige war.

> Der erste Schritt (gerade der Schritt ins Rampenlicht) ist meist der schwerste. Glücklicherweise gibt es eine Vielzahl von guten Coaches, die dich auf diesem Weg begleiten. Auch Gespräche mit bereits gestandenen Speakern sind enorm hilfreich. Ich persönlich kann dir deshalb das Mentoring-Programm von Speakers Excellence nur empfehlen:

https://m-vg.de/link/einzigartig_07
Das Mentoring-Programm von Speakers Excellence

Fazit: Positionierung

→ Wer sich erfolgreich positionieren will, muss seine Markenwerte klar, eindeutig und beständig leben.

→ Eine klare Positionierung schafft Authentizität. Authentisch wirst du jedoch nicht, indem du krampfhaft anders sein willst, sondern indem du deine Qualitäten nutzt, um deine Ziele zu erreichen.

→ Positionierung erfolgt in zwei Schritten:

→ Intra-Positionierung: die Auseinandersetzung mit dir. Es gilt, ein gesundes Selbstbewusstsein durch deine Fähigkeiten zu erlangen.

→ Inter-Positionierung: die Kommunikation nach außen. In diesem Schritt trägst du dein geschärftes Profil prägnant nach außen.

→ Der HBDI-Selbsttest kann dir dabei helfen, deine Denkmuster besser nachzuvollziehen, und erlaubt wertvolle Rückschlüsse auf deinen Self-Branding-Prozess.

→ Zusätzlich kann dir ein Lebensmotto helfen. Dieses Mission-Statement sollte möglichst kurz und anschaulich erklären, wofür du stehst und was du willst. Es erinnert dich einerseits stets an deine Ziele und dient andererseits deiner Zielgruppe als einprägsame Einordnung deiner Marke.

→ Das BRAND-BUILDING-MODELL© fasst alle Facetten einer erfolgreichen Marke zusammen. Die Positionierung ist so etwas wie die Zusammenfassung aller Teilbereiche. Positionierung bedeutet, die erlernten Fähigkeiten in den einzelnen Bereichen zu definieren, zu ordnen, zu vereinfachen, zu operationalisieren und klar zu kommunizieren.

Interview mit Ali Güngörmüs,
Sterne- und Fernsehkoch, zum Thema Positionierung

Ali Güngörmüs ist einer der bekanntesten Fernsehköche in Deutschland, zweifacher Restaurantinhaber und mit einem Michelin-Stern ausgezeichnet. Als eines von sieben Kindern auf einem Bauernhof in der Türkei geboren, zog Ali Güngörmüs im Alter von zehn Jahren gemeinsam mit seinen Geschwistern und seiner Mutter zu seinem Vater nach München, der dort bereits als Schweißer arbeitete. Seine Leidenschaft für die Küche entdeckte er in frühen Jahren, sodass er trotz des Widerstands seiner Eltern bereits mit 14 Jahren eine Kochausbildung begann.

Nach einer intensiven Zeit bei seinem Mentor Karl Ederer eröffnete Ali Güngörmüs 2005 in Hamburg das Restaurant Le Canard Nouveau, welches ein Jahr später mit einem Michelin-Stern ausgezeichnet wurde. 2014 eröffnete er in München das Restaurant Pageou. Darüber hinaus ist Güngörmüs regelmäßig als Fernsehkoch aktiv – unter anderem auch als Juror und Moderator in der ZDF-Sendung *Die Küchenschlacht*. Für seine Kreativität und Leistungsbereitschaft wurde er von der Initiative Deutschland – Land der Ideen zu einem der 100 Köpfe von morgen gewählt.[82] Im Interview verrät Güngörmüs, wie er es geschafft hat, sich im harten Fernsehgeschäft zu behaupten und gleichzeitig ein Sterne-Restaurant zu führen, und er berichtet von einer lehrreichen Begegnung mit Peer Steinbrück.

Herr Güngörmüs, in Ihren Restaurants sind regelmäßig auch bekannte Persönlichkeiten zu Gast. In Hamburg zählte einst Peer Steinbrück dazu. Ein lehrreiches Kennenlernen für Sie …

Peer Steinbrück war damals häufiger bei uns in Hamburg essen. Eines Abends wurden wir beide von einem seiner Berater einander vorgestellt und ich sagte ihm, wir würden uns freuen, dass er wieder zurück in der Politik sei und gegen Angela Merkel antreten würde. Doch ich hatte nicht das Gefühl, als würde er mir in diesem Augenblick zuhören. Er schaute mir nicht in die Augen. Und da wusste ich, dass er es nicht zum Bundeskanzler schaffen wird. Wenn ich in der Öffentlichkeit stehe und etwas von meinen Mitmenschen möchte – es war ja Wahlkampf –, dann muss ich mich doch öffnen, mein Gegenüber wertschätzen und willkommen heißen. Genau diese Werte versuche ich zu verkörpern und auch meinen Kindern weiterzugeben.

Das Thema Öffentlichkeit ist ein gutes Stichwort. Sie selbst zählen zu den beliebtesten Fernsehköchen Deutschlands und moderieren Live-Shows vor einem Millionenpublikum. Wie kam es eigentlich dazu – und wollten Sie von Anfang an ins Fernsehen?

Ich war immer mal wieder im Fernsehen zu sehen. 2005 ging es dann in den Zeiten des Koch-Booms in Deutschland so richtig los. Meine ersten Schritte habe ich beim NDR in der Live-Sendung *Das! am Nachmittag* gemacht.

Direkt eine Live-Sendung ist dann aber schon ein Sprung ins kalte Wasser ...

Natürlich ist das eine große Herausforderung und auch eine Ehre, dass so ein Sender auf dich zukommt. Aber es ist mein Job – es geht ums Kochen und das kann ich. Wenn du nach vorne willst, musst du immer an dich glauben und von deinen Fähigkeiten überzeugt sein. Wenn es ums Kochen geht, war ich schon immer selbstsicher und deshalb auch immer davon überzeugt, dass ich meine Chance im Fernsehen bekommen würde. Heute, 13 Jahre später, kann ich sagen, dass es funktioniert hat und so einer meiner Träume in Erfüllung gegangen ist.

Würden Sie sagen, dass die Medienpräsenz Ihrem Restaurantbetrieb hilft?

Natürlich war das gerade zur Anfangszeit enorm wichtig, weil mein Bekanntheitsgrad Stück für Stück gestiegen ist. Wenig später kam dann noch der Michelin-Stern hinzu und dann merkte ich, dass ich plötzlich in einer anderen Liga war. Ich erinnere mich daran, wie ich in Hamburg anfing und belächelt wurde, weil ich ein Restaurant übernommen hatte, welches einen großen Namen hatte. »Gibt es im Le Canard bald Edel-Döner?« lautete beispielsweise eine Schlagzeile. Als dann aber der erste

Stern kam, erhielt ich immer mehr positives Feedback in der Presse und von Kollegen. Ich hatte das Gefühl, jetzt einer von ihnen zu sein. Und genau das ist doch das Schöne gerade hier in Deutschland: Die Menschen honorieren gute Leistung.

Deswegen sage ich, dass meine Medienpräsenz natürlich geholfen hat, aber in erster Linie musst du das, was du machst, gut machen. Das ist das Fundament deines Erfolgs. Und ich bin Koch. Wenn du etwas gefunden hast, was du gut kannst, dann häng dich rein – alles andere ist erst einmal nebensächlich. Schließlich musst du all das, was du in der Öffentlichkeit sagst, auch in deiner täglichen Arbeit unter Beweis stellen. Sonst verlierst du deine Authentizität.

Authentizität ist ein Hauptmerkmal erfolgreicher Marken. Wie schaffen Sie es bei all der Konkurrenz an Fernsehköchen, Ihre Zuschauer immer wieder zu begeistern und nicht in der grauen Masse unterzugehen?

Es ist wichtig zu wissen, was du willst. Was machst du? Woher kommst du? Wer bist du? Und wohin willst du? Alles beginnt bei dir selbst, nur so kannst du authentisch bleiben und dich dementsprechend glaubwürdig positionieren. Ich kann doch keine Sterne-Gastronomie führen und auf der anderen Seite für jedes Fernsehformat mein Gesicht hinhalten. Damit mache ich mich unglaubwürdig und auch unglücklich, weil ich das nicht bin. Ich will greifbar bleiben. Alles, was ich meinen Gästen im Restaurant koche, serviere und erzähle, muss auch im Fernsehen so rüberkommen. Es ist daher wichtig, Nein sagen zu können. Ich muss hinter jedem Format zu 100 Prozent stehen können. Ich stehe für gesunde und nachhaltige Lebensmittel. Ein Format, in dem ich Discounter-Produkte verwende und eine Billigvariante koche, kommt für mich deshalb nicht infrage. Es sind die Dinge, die wir mit viel Spaß, Liebe und Leidenschaft machen, die am Ende richtig gut werden.

Haben Sie keine Angst, dass Sie durch ein Nein eventuell die Chance verpassen könnten, eine größere Masse an Menschen anzusprechen und Ihre Zielgruppe zu erweitern?

Nein. Ich bin meinen Weg gegangen und habe klare Werte, über die ich mich auch definiere. Natürlich gibt es Kollegen, die vielleicht eine breitere Masse an Menschen ansprechen – und das ist auch gut so. Ich hingegen will genau die Menschen erreichen, die sich gesund und nachhaltig ernähren. Dafür stehe ich, das kann ich glaubwürdig verkörpern. Im Idealfall schaffe ich es dann, auch die breitere Masse zumindest zum Nachdenken zu bringen. Ich will nicht nur über Vitalität und Co. reden, sondern auch die Menschen dazu inspirieren, es selbst umzusetzen. Wenn mir das bei nur einem Prozent der breiteren Masse gelingt, bin ich glücklich!

Was ist das größte Kompliment, das Ihnen ein Gast machen kann?

Ich beobachte sehr gerne meine Gäste. Ich sehe an der Mimik, ob ihnen das Essen schmeckt oder nicht. Für mich ist es das Schönste, wenn der Gast seine Augen schließt und mit dem Kopf von links nach rechts nickt. Essen ist mehr als Nahrung. Gutes Essen tut der Seele gut und bleibt im Kopf. Ich weiß noch ganz genau: Vor 15 Jahren war ich in New York und habe Perlhuhn mit Couscous und Kartoffelpüree gegessen. Da hat einfach alles gestimmt! Es muss nicht immer teuer sein – der Moment muss stimmen. Essen kann Körper und Seele glücklich machen. So soll es auch bei meinen Gästen sein.

Das ist das BRAND-BUILDING-MODELL© mit den acht wichtigsten Tools
für erfolgreiche Marken & Menschen. In jedem der acht Tools sind 1 bis 10
Punkte zu vergeben, wobei 1 »sehr schwach« und 10 »sehr stark« entspricht.
Wie schätzen Sie Ihre Fähigkeiten als TV- und Sternekoch in den einzelnen
Bereichen ein?

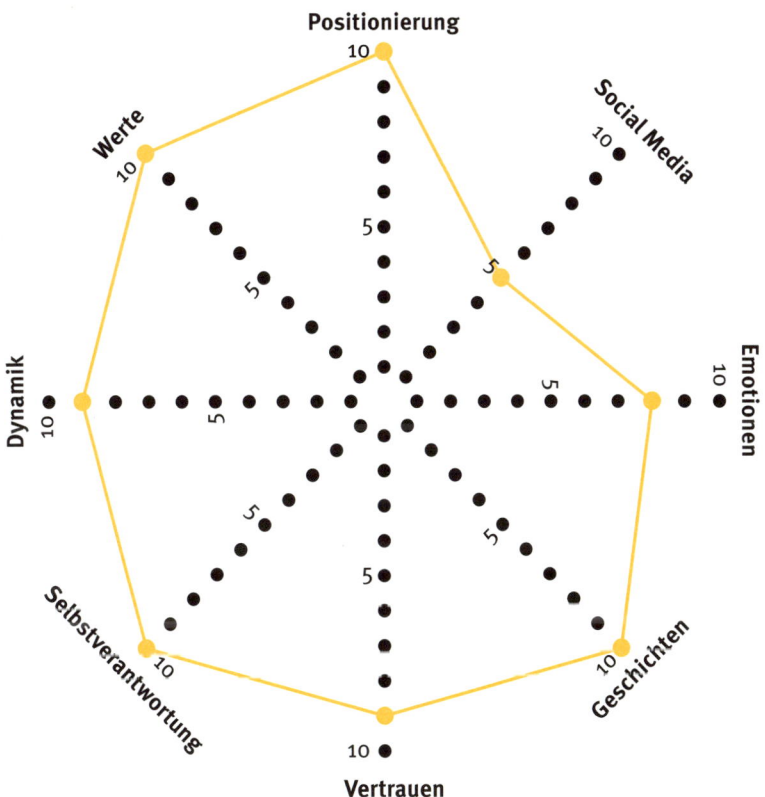

Bitte vervollständigen Sie folgenden Satz: Eine perfekte Positionierung bedeutet für mich ...
... stets authentisch zu bleiben, Leidenschaft zu verkörpern und in dem,
was man macht, nach Perfektion zu streben.

Über den Autor

Hermann H. Wala ist ein gefragter Marketingstratege sowie Bestseller-autor. Er war lange Zeit in leitender Funktion im Marketing bei *Burda* und in führenden Werbeagenturen wie Saatchi & Saatchi und Ogilvy & Mather tätig. Seit über 16 Jahren berät der gefragte Branding-Experte große Unternehmen wie BayWa AG oder Pro7Sat1 und steht als Key-note-Speaker auf der Bühne. Der Autor hält Vorlesungen und engagiert sich als Markenkolumnist auf Focus Online, der Marke41 u. a. Im Redli-ne Verlag ist von ihm bereits Meine Marke erschienen.

www.atyoursite.de
www.ich-endlich-einzigartig.com

Literaturverzeichnis

Daniel Kahneman: Schnelles Denken, langsames Denken (2011)

Everett M. Rogers: Diffusion of Innovations (2003)

Gallup: Gallup Engagement Index 2016 (2016)

GfK: Trust in Professions (2018)

Gordon H. Bower, Michael C. Clark: Narrative stories as mediators for serial learning (1969)

Hermann H. Wala: Meine Marke (2011)

Jeffrey Butler, Paola Giuliano, Luigi Guiso: The Right Amount of Trust (2009)

Jennifer S. Mueller: The Bias Against Creativity: Why People Desire But Reject Creative Ideas (2010)

Jörg Felfe: Transformationale und charismatische Führung - Stand der Forschung und aktuelle Entwicklungen (2006)

Joseph Campbell: The Hero with a Thousand Faces (1949)

Kevin Roberts: Lovemarks – The Future Beyond Brands (2004)

Macquarie Research: Short-form video (2016)

Marianne Williamson: A Return to Love (1992)

Noah Carl, Francesco C. Billari: Generalized Trust and Intelligence in the United States (2014)

Paul H. Ray: The Cultural Creatives: How 50Million Are Changing The World (2000)// Hier fehlt noch das ausführliche Literaturverzeichnis//

Peter Thiel: Zero to One (2014)

Prof. Dr. Karsten Kilian: Markenwerte, welche Markenwerte? (2012)

Reader's Digest: Trusted Brands (2018)

Sirkka L. Jarvenpaa, Dorothy E. Leidner: Communication and Trust in Global Virtual Teams (1999)

Terence R. Mitchell: Temporal Adjustments in the Evaluation of Events: The Rosy View (1997)

Waldemar Pelz: Transformationale Führung - Forschungsstand und Umsetzung in der Praxis (2016)

Werner Metzig, Martin Schuster: Lernen zu lernen (1993)

Youngme Moon: Different: Escaping the Competitive Herd (2010)

Anmerkungen

1   vaticannews.va – Die Papstbotschaft zum Weltjugendtag

2   Marianne Williamson: A Return to Love (1992)

3   Paul H. Ray: The Cultural Creatives: How 50Million Are Changing The World (2000)

4   GfK: Bio kommt im Mainstream an (2017)

5   vebu.de à veggie fakten

6   McDonalds: Jahresabschlussberichte/Quartalsberichte 2007-2017

7   welt.de à McDonalds serviert jetzt Grünkohl und Spinat

8   https://de.wikipedia.org/wiki/Wertvorstellung

9   wirtschaftslexikon.gabler.de à Definition »Wert«

10 Tesla: Jahresabschlussberichte/Quartalsberichte 2010-2017

11 instagram.com – Roger Federer

12 manager-magazin.de – 300 Millionen Gründe, sich von Nike zu trennen

13 Bildquelle: https://www.google.com/search?q=maslow+pyramide&client=firefox-b-ab&tbm=isch&source=iu&ictx=1&fir=uqajpaylErKmFM%253A%252CqV5tNgniry1jpM%252C_&usg=__JqP4esl4JICf_Sg08NDazjaLrH8%3D&sa=X&ved=0ahUKEwiB-v4yxybnbAhUOUlAKHU_NA4oQ9QEIMDAD#imgrc=uqajpaylErKmFM

14 Prof. Dr. Karsten Kilian: Markenwerte, welche Markenwerte? (2012)

15 Daniel Kahneman: *Schnelles Denken, langsames Denken* (2011)

16 apnews.com à Trump at 100 days: 'It's a different kind of presidency'

17 twitter.com – Donald Trump

18 Read Montague: Neural correlates of behavioral preference for culturally familiar drinks, (2004)

19 Gallup: Gallup Engagement Index 2016 (2016)

20 Kevin Roberts: *Lovemarks – The Future Beyond Brands* (2004)

21 https://www.google.com/search?q=lovemarks+quadrant&client=firefox-b-ab&source=lnms&tbm=isch&sa=X&ved=0ahUKEwjb2ZSGvJ7bAhWBaVAKHQZqDDMQ_AUICigB&biw=1920&bih=925#imgrc=i5QuDUBKzp8qTM

22 handelsblatt.com à Coca Cola darf auf sich selbst anstoßen

23 redbull.com à Top 10 #PutACanOnIt Photos of 2014

24 business2community.com – Millennials Love User-Generated Content

25 bvb.de – Watzke und Treß verlängern – Cramer als weiterer Geschäftsführer bestellt

26 Waldemar Pelz: Transformationale Führung - Forschungsstand und Umsetzung in der Praxis (2016)

27 Jörg Felfe: Transformationale und charismatische Führung – Stand der Forschung und aktuelle Entwicklungen (2006)

28 Werner Metzig, Martin Schuster: Lernen zu lernen (1993)

29 Gordon H. Bower, Michael C. Clark: Narrative stories as mediators for serial learning (1969)

30 nielsen.com à Global consumers' trust in »earned« advertising grows in importance

31 Jobvite: Jobvite Recruiter Nation Report (2016)

32 Joseph Campbell: The Hero with a Thousand Faces (1949)

33 Marianne Williamson: A Return to Love (1992)

34 Reader's Digest: Trusted Brands (2018)

35 GfK: Trust in Professions (2018)

36 Noah Carl, Francesco C. Billari: Generalized Trust and Intelligence in the United States (2014)

37 Jeffrey Butler, Paola Giuliano, Luigi Guiso: The Right Amount of Trust (2009)

38 news.berkeley.edu à Is a stranger genetically wired to be trustworthy? You'll know in 20 seconds

39 hbr.org à How to Build Trust in a Virtual Workplace

40 Sirkka L. Jarvenpaa, Dorothy E. Leidner: Communication and Trust in Global Virtual Teams (1999)

41 wormser-zeitung.de – Der Heidelberger Unternehmer Winfried Rothermel ist ein leidenschaftlicher Netzwerker

42 visualcapitalist.com – How Long Does It Take to Hit 50 Million Users?

43 Wikipedia.de à Mooresches Gesetz

44 Terence R. Mitchell: Temporal Adjustments in the Evaluation of Events: The Rosy View (1997)

45 asos.com à Marketplace

46 Coca Cola: Q4-Zahlen, Geschäftsbericht 2017 (2018)

47 cocacola.de à Die Eine-Million-Dollar-Challenge von Coca-Cola

48 newyorker.com à where nokia went wrong

49 sportbild.bild.de – Dauerkarten bis Gewinn: So erklärt Watzke den BVB-Boom

50 Jennifer S. Mueller: The Bias Against Creativity: Why People Desire But Reject Creative Ideas (2010)

51 Everett M. Rogers: Diffussion of Innovations (2003)

52 https://www.google.com/search?q=diffusion+of+innovation&client=firefox-b-ab&source=lnms&tbm=isch&sa=X&ved=0ahUKEwii7ZvSuJ7bAhXJYlAKHUENBQYQ_AUICigB&biw=1920&bih=925#imgrc=jwaC9RVW_DblkM

53 quora.com à How many hours did Steve Jobs work to prepare his first iPhone presentation, and did he use outside professional help for this?

54 internetlivestats.com

55 visualcapitalist.com à This Map Compares the Population of the Real World vs. Social Media

56 www.internetworldstats.com à stats

57 Youngme Moon: Different: Escaping the Competitive Herd (2010)

58 www.konversionskraft.de à Verhaltensmuster »Paradox-of-Choice«: Große Auswahl, kleine Conversion?

59 facebook.com à 3 Important Updates To Facebook Algorithm in January 2017

60 allfacebook.de à state of facebook

61 blog.kissmetrics.com à Do You Really Need More Facebook Likes? The Data Driven Answer

62 Macquarie Research: Short-form video (2016)

63 allfacebook.de à instagram nutzer deutschland

64 business.instagram.com – 2 Millionen monatliche Werbetreibende auf Instagram

65 www.businessinsider.com à Instagram's got a new way to determine which photos show up in your feed — here's how it works

66 later.com à best time to post on instagram

67 blog.bufferapp.com à Optimal Timing, Videos, and More: 10 Easy Ways to Boost Your Instagram Reach

68 facebook.com à Mobile Videos auf dem Vormarsch

69 newsroom.fb.com à Taking into Account Live Video When Ranking Feed

70 wikipedia.ord – Ibrahim Evsan

71 ibrahimevsan.de

72 youtube.com à JP Performance

73 sueddeutsche.de à »Ich brannte für Zahlen genauso wie heute fürs Kochen«

74 https://de.wikipedia.org/wiki/Vier-Quadranten-Modell_des_Gehirns

75 https://de.wikipedia.org/wiki/Vier-Quadranten-Modell_des_Gehirns#/media/File:HBDI-Modell.JPG

76 Hermann H. Wala: Meine Marke (2011)

77 welt.de – Der wahre Wert von CR7

78 vgl. instagram.com/ facebook.com

79 4-4-2.com – Ronaldo: Lebenslanger Vertrag mit Nike

80 wikipedia.org – Cristiano Ronaldo

81 Peter Thiel: Zero to One (2014)

82 wikipedia.org – Ali Güngörmüs

Stichwortverzeichnis

A

Algorithmus 24, 164ff., 170f., 173ff.

Ali, Muhammad 186

Alleinstellungsmerkmal 65, 80, 99, 196

Angelou, Maya 65

Authentizität 11, 13, 16f., 35, 88, 90, 97, 107, 155, 162, 175, 185ff., 200, 202, 206, 209

B

Becker, Boris 35f.

Bedürfnispyramide 37

Ben&Jerry's 40

Beutlin, Frodo 95

Bower und Clark 97

Brand-Building-Modell 17ff., 47, 60f., 72, 91, 112, 132, 156, 179, 194f., 206, 211

Buffett, Warren 200

Burda, Hubert 94, 128, 158, 203

Business Women's Society 128

BVB 21, 69, 71, 144, 199

C

Campbell, Joseph 99, 107

Carnegie, Dale 200

Charitea 39

Clinton, Hillary 59

Coca Cola 54f., 58., 139ff., 165, 167

Cramer, Carsten 21, 69, 199

Creator 88

D

Daihatsu 35f., 39

Darcis, Louis 17, 21, 88

Datenschutz 177f., 184

Denken, schnelles/langsames 52f.

Dittmann, Titus 50f.

Dr. Pimple Popper 64

E

Edeka-Werbespot 64f.

Ekel 61, 64, 66ff.

EKS 202

F.A.C.E. 109ff.

F

Facebook 16, 21, 24, 30, 38, 64, 66, 115, 135, 158ff., 165ff., 171ff., 183, 199

Federer, Roger 35

Ferrazzi, Keith 122ff.

Fußabdruck, ökologischer 31

G

Generation Y 23, 29, 31, 37ff., 44ff., 77, 110, 143, 161, 186

Geschichtentechnik 96f.

Gestik 120ff., 125, 127

Goldene Bälle 119

H

Harley Davidson 143, 147

HBDI 190ff., 206

Heldenreise 98ff., 102, 107ff., 200

Herrmann, Ned 190

Hobbes, Thomas 117

Hollister 142f., 147, 187

Homo oeconomicus 51

Hormon 120f.

I

Inter-Positionierung 189, 193f., 206

Intra-Positionierung 189f., 204, 206

Individualität 183, 185f.

Influencer 88, 158, 178, 186, 195

Instagram 12, 17, 21, 36, 38, 63, 88ff., 159f., 162, 165, 170ff., 178, 186, 195, 204

J

Jarvenpaa, Sirkka L. 124

Jauch, Günther 39, 139

Jeannet, Roland 74, 205

Jobs, Steve 79, 142, 150, 201

Jonas, Hans 31

K

Kaeser, Joe 30

Kahneman, Daniel 52

Kant, Immanuel 30, 177

Kilian, Karsten 41, 43

Klitschko, Wladimir 17, 22, 108, 178

Komfortzone 100f., 105, 153

Krämer, Jean-Pierre 184f.

Kreativität 88, 149, 207

Krombacher 39

KURS 41, 43

L

Lee, Dr. Sandra 63

Leidner, Dorothy E. 124

Littlelunch 138

Live-Videos 168f., 174

Lionsgate 170

LOHAS 29, 31f., 43, 140f.

Lovemarks 55, 57f., 60, 68

M

Maslow, Abraham 36f.

Mentor 74, 102, 106, 110, 129, 205, 207

Metzig, Werner 96, 215

Mimik 120ff., 125, 127, 210

Mitchell, Terence 137

Montague, Read 52f.

Motivation 37, 51, 152f., 192, 200

Moon, Youngme 161, 215

Moore, Gordon 136

Mun, Kim 189

Musk, Elon 79, 95, 97f., 178, 201f.

Mymüsli 138

N

Nokia 142f., 147

O

Ogilvy & Mather 94

Opferrolle 85

Oxytocin 120

P

Papst Franziskus 12

Pepsi-Test 52, 67

Personal Branding 17, 19, 56, 87, 107, 173, 178, 196

P&G International 74

Polarisieren 52, 62, 139, 158, 198f.

Potter, Harry 95, 99f., 104, 146

PSA 30

R

Raab, Štefan 139

Reader's Digest 115

Referenzstrategie 201

Reich-Ranicki, Marcel 186

Roberts, Kevin 55, 215

Rogers, Everett 149, 215

Ronaldo, Cristiano 195

Rothermel, Winfried 134

S

Saatchi & Saatchi 55, 213

Scherer, Hermann 205

Schuster, Martin 96, 215

Self-Serving Bias 76

Seneca 85

Silicon Valley 11, 22, 66, 94, 135, 158

Skateboard 48

Smith, Frederick 77

Social-Media-Manager 171, 188, 204

Social Proof 125f.

Speaker 176, 182, 205, 213

Speakers Excellence 182, 205

Spieleshow 119f.

Steinbrück, Peer 207

Swot-Analyse 79f., 83

T

Tesla 35f., 39, 97f., 188

Thiel, Peter 199

Trump, Donald 52, 65, 59, 67, 138

Trusted Brands 115

Twitter 30, 38, 52, 64, 66, 138, 160, 162, 176f.

U

User Generated Content 66f.

V

Verzerrung, selbstwertdienliche 76

W

Wahlparadoxon 164

Williamson, Marianne 12

Z

Zuckerberg, Mark 95, 98, 170, 201

Meine Marke

Die 7 Tools für starke Unternehmensmarken

Die Spielregeln für starke Marken haben sich in den letzten Jahren dramatisch verändert. Nicht mehr die Großen fressen die Kleinen oder die Schnellen die Langsamen, sondern die »Wert-vollen« diejenigen, die es nicht schaffen, ihre Werte glaubwürdig zu transportieren. Unternehmen, die auf diesen Wandel keine Antwort geben, werden vom Markt verschwinden.

Hermann H. Wala entschlüsselt die Erfolgsstrategien großer Marken von heute: Die Gewinner der Entwicklung sind jene Unternehmen, die ein »Wir-Gefühl« zwischen Kunden und Marke schaffen, eine besondere emotionale Verbundenheit. Lesen Sie, mit welchen sieben Tools Entscheidungsträger ihre Marke zu einer WIR-MARKE machen – fundiert, praxisorientiert und unterhaltsam.

Zusatzplus: Prominente Markenbotschafter geben im Interview Auskunft über ihre Erfolgsstrategien, so zum Beispiel Herbert Hainer ehemals adidas AG oder Prof. Dr. Dr. h.c. Hermann Simon, Simon-Kucher & Partners.

Nun bald in der 10., überarbeiteten Auflage

304 Seiten
Hardcover
24,99 € (D) | 25,70 € (A)
ISBN 978-3-86881-584-9

www.redline-verlag.de

REDLINE | VERLAG